"十四五"职业教育系列教材

"十二五"职业教育国家规划教材
经全国职业教育教材审定委员会审定

混凝土结构识图与钢筋计算

（第五版）

主　编　金　燕

副主编　李剑慧　李美玲

编　写　辛翠香　刘爱华　徐春媛

U0260482

中国电力出版社
CHINA ELECTRIC POWER PRESS

内 容 提 要

本书为"十四五"职业教育系列教材，也是"十二五"职业教育国家规划教材。

本书依据 22G101 和 G901 系列图集以及相关规范要求，详细介绍了现浇混凝土结构施工图中的基础、柱、剪力墙、梁、板、板式楼梯的平法制图规则和构造要求，对不同构件平法识图和钢筋计算的步骤、方法和技巧进行了详细说明，同时介绍了钢筋翻样等内容。为方便教学，每个项目都提供了实操题，也配套有丰富的教学资源，如多媒体课件、工程现场钢筋排布照片、授课视频、动画、习题库等。书末还附有框架结构和剪力墙结构两套典型工程案例施工图供练习。

本书充分展现了项目导向、任务驱动、工学结合的特点，对各构件均安排了实操训练，通过"理论—实操—再理论—再实操"的方式，提高读者的识图能力和钢筋计算能力。

本书可作为职业院校及应用型本科院校土建施工类、工程管理类、建筑设计类、市政工程类等土建类专业学生使用，也可供建筑行业相关从业人员学习参考。

图书在版编目（CIP）数据

混凝土结构识图与钢筋计算/金燕主编. —5 版. —北京：中国电力出版社，2021.12（2024.6 重印）

"十二五"职业教育国家规划教材

ISBN 978 - 7 - 5198 - 6143 - 8

Ⅰ.①混… Ⅱ.①金… Ⅲ.①混凝土结构—结构图—识别—职业教育—教材②钢筋混凝土结构—结构计算—职业教育—教材 Ⅳ.①TU37

中国版本图书馆 CIP 数据核字（2021）第 226950 号

出版发行：中国电力出版社

地   址：北京市东城区北京站西街 19 号（邮政编码 100005）

网   址：http://www.cepp.sgcc.com.cn

责任编辑：熊荣华（010 - 63412543 124372496@qq.com）

责任校对：黄 蓓 马 宁

装帧设计：张俊霞

责任印制：吴 迪

印   刷：三河市航远印刷有限公司

版   次：2013 年 7 月第一版 2017 年 8 月第四版 2021 年 12 月第五版

印   次：2024 年 6 月北京第二十四次印刷

开   本：787 毫米×1092 毫米 16 开本

印   张：13.75

字   数：375 千字 7 插页

定   价：53.00 元

版 权 专 有 侵 权 必 究

本书如有印装质量问题，我社营销中心负责退换

 前　言

"建筑结构施工图平面整体设计方法"（简称平法）从 1996 年正式推出至今，已经走过 20 多年的岁月，在建筑工程界产生了巨大影响，在教育界的影响也日益显现。为了满足社会对人才的需求，越来越多的高等职业院校以及本科院校开设了平法识图课程。尤其是全国高等职业院校土建施工类专业学生"鲁班杯"建筑工程识图技能竞赛的举办，进一步推动了平法教学的开展。我们可喜地看到由此带来的社会效果是，高职毕业生越来越受到用人单位的欢迎。

正确识读建筑工程施工图是土建类专业技术人员的技能之一，本书根据 G101 和 G901 系列图集以及相关规范要求，详细讲解如何识读平法施工图，对不同构件平法识图和钢筋计算的步骤、方法和技巧进行了详细阐述，这些内容紧贴实际，反映产业技术升级要求，符合高职教育人才培养目标。

一、教材特色

（1）本书充分展示项目导向、任务驱动、工学结合的特色。教学内容按照项目展开，对各种构件均安排实操训练，即针对平法施工图，画出立面钢筋排布图和截面钢筋排布图，并计算钢筋工程量，让学生完成"工作任务（学业成果）"，达到实训目的。约一半的权重用于实训操练，通过"理论—实操—再理论—再实操"的教学方式，使学生具有识图能力和钢筋计算能力。

（2）充分利用本书封面 2 和封面 3，用彩色钢筋图片加说明展示钢筋构造，可以与教材和图集中的钢筋构造对照学习，使学生更容易理解，提高学习效率。

二、教学建议

（1）采用"三步教学法"。

第一步：首先利用教材和图集学习平法设计规则和构造详图；

第二步：利用教材中的例题画钢筋排布图，再利用工程案例施工图，画钢筋排布图；

第三步：利用教材中的例题计算钢筋工程量，再利用工程案例施工图，计算钢筋工程量。

通过"三步教学法"，能使学生的学习层层深入，透彻理解施工图，最终提高识图能力和钢筋计算能力。

（2）建议教师把实际工程图纸引进课堂，以图纸为主线开展教学活动，让学生熟悉图

纸。当第一套图纸为框架结构、独立基础时，教材的项目排序做调整，按照独立基础、框架柱、非框架梁、框架梁、楼板……的顺序教学；第二套图纸就可选为剪力墙结构、筏板基础，再继续学习筏板基础、剪力墙。以工学结合的模式进行教学，提高学生的实际技能。

三、其他

本书由烟台职业学院、烟台理工学院、烟台大学的几位副教授、高级工程师共同编写而成。刘津明教授审阅了全书，并提出了许多宝贵意见，在此表示感谢！

编者们一直在结构识图教材方面进行改革和探索，本教材的结构、内容、形式等方面都有大胆的创新，但难免有不足之处，欢迎广大师生和读者提出批评或改进意见。

本教材配有丰富的数字资源，欢迎扫描下方二维码获取。

编 者

2021 年 8 月

本书数字资源总码

符 号 表

A_s	钢筋截面面积
a	钢筋最小净距，或柱、剪力墙在基础内的插筋弯钩直段长度
b	矩形截面宽度
b_w	剪力墙的墙宽
b_f	与 b_w 相垂直的相邻的墙宽
C	混凝土强度等级
c	混凝土保护层厚度
c_c	柱的混凝土保护层厚度
c_b	梁的混凝土保护层厚度
c_w	剪力墙混凝土保护层厚度
d	钢筋直径
d_c	柱纵筋直径
d_b	梁纵筋直径
h	矩形截面高度或板的厚度
h_b	梁截面高度
h_c	柱截面尺寸（圆柱为截面直径）
h_o	梁或柱的截面有效高度
H_n	所在楼层的柱净高
h_w	梁的腹板高度，当矩形截面时为梁全高
l	构件长度或悬挑梁净长
l_a	受拉钢筋锚固长度
l_{ab}	受拉钢筋基本锚固长度
l_{aE}	受拉钢筋抗震锚固长度
l_{abE}	受拉钢筋抗震基本锚固长度
l_l	受拉钢筋搭接长度
l_{lE}	受拉钢筋抗震搭接长度
l_n	梁的净跨
$m \times n$	矩形截面柱箍筋以 $m \times n$ 形式表示时，m 为 b 边宽度上的肢数，n 为 h 边宽度上的肢数
$m/n(k)$	梁横截面箍筋以 $m/n(k)$ 形式表示时，m 为梁上部第一排纵筋根数，n 为梁下部第一排纵筋根数，k 为梁箍筋肢数
s	钢筋间距
Δ	框架柱变截面时上柱截面缩进尺寸
ρ	钢筋配筋率

❈ 目 录

项目 1

基 本 知 识

1.1 结构施工图的识读

1.1.1 施工图的作用与分类

1. 施工图的作用

一幢建筑施工必须有一套该建筑的建筑工程施工图。建筑工程施工图是工程技术界的通用语言，是工程技术人员进行信息传递的载体。它是具有法律效力的正式文件，是建筑工程重要的技术档案。设计人员通过施工图，表达设计意图和设计要求；施工人员通过熟悉图纸，理解设计意图后，才能按施工图进行施工。

建筑工程竣工后，施工单位必须根据工程施工图纸及设计变更文件，认真绘制竣工图纸交给业主，作为今后使用与维修、改建、鉴定的重要依据。业主不得任意改变建筑的使用功能。业主除把竣工图纸作为重要的文件归档保管外，还必须将一份送交当地城建档案馆长期保存。

当业主与施工单位因工程质量产生争议时，施工图纸是技术仲裁或法律裁决的重要依据。如果由于设计施工图的错误而导致工程事故，设计单位及设计相关责任人应承担相应责任。

2. 施工图的分类

一套完整的建筑工程施工图一般包含：

(1) 建筑施工图（简称建施，图号 JS-××），包括以下几个专业图纸。

1) 总平面图：反映总体布局（水平投影）；

2) 建筑总说明；

3) 平面图：各层平面图和屋顶平面图，反映平面布局、功能及尺寸；

4) 立面图：外观形状（正面投影）；

5) 剖面图：辅助说明内部立面形状；

6) 详图：构造做法。

(2) 结构施工图（简称结施，图号 GS-××），包括：

1) 结构总说明；

2) 基础图；

3) 柱（墙）配筋图；

4) 梁配筋图；

5) 板配筋图；

6) 楼梯图；

7) 节点详图。

(3) 设备施工图，包括：

1）给排水施工图（简称水施，图号 SS-××）；

2）电气施工图（强电、弱电）（简称电施，图号 DS-××）；

3）采暖通风施工图（简称暖施，图号 NS-××）；

4）燃气施工图（图号 QS-××）。

各工种的图纸又分为基本图（表达全局性的内容）和详图（表明某一构配件或某一局部的做法、构造、材料、详细尺寸和标高、定位等内容）。

各工种图纸的编排，一般是全局性图纸在前，局部性图纸在后；先施工的在前，后施工的在后；重要图纸在前，次要图纸在后。

1.1.2　结构施工图识读方法与步骤

1. 施工图识读方法与技巧

一个建筑单体的施工图，由建施、结施、水施、暖施、电施及智能化设计等施工图组成，图纸数量通常有几十张甚至上百张。施工单位在项目开工前，首先应通过对设计施工图全面、仔细地识读，对建筑的概况、要求有一个全面的了解，及时发现设计中各工种之间存在矛盾的、设计中不明确的、施工中有困难的及设计图中有差错的地方，并通过图纸会审的方式予以提出，便于设计单位对施工图做进一步的明确与调整，以保证工程施工的顺利进行。

初学者拿到施工图后，通常会感到无从着手，不得要领。要提高识图效率，第一，要有正确的识读方法；第二，要有现场施工与管理经验；第三，应熟悉施工图的制图规则，熟悉房屋建筑构造、结构构造，熟悉有关规范；第四，按照正确的顺序识读。只有通过大量的生产实践，才能不断提高识图能力。

2. 结构施工图的识读

在建施、结施、水施、暖施、电施图中结构施工图是最重要也是最需要花费精力去识读的图纸，所以必须掌握识读方法和要领。一般步骤如下：

（1）按施工顺序看图纸，先干哪个项目哪个部位哪个构件，就先看这个项目这个部位这个构件的图纸内容。

（2）由粗到细看。先粗看一遍，一般先看建施图，了解建筑概况、使用功能及要求、内部空间的布置、层数与层高、墙柱布置、门窗尺寸、楼（电）梯间的设置、内外装修、节点构造及施工要求等基本情况。然后再看结施图，了解工程概况、结构方案等；熟悉结构平面布置，检查构件布置是否合理，有无遗漏，柱网尺寸、构件定位尺寸、楼面标高是否正确。最后根据结构平面布置图，细看每一构件的标高、截面尺寸、钢筋等。

（3）结施与建施结合看的同时，还要与其他设备图对照看。仔细查看结施图与各专业图纸之间所表达的内容有无缺漏或错误，前后图纸之间是否有矛盾等。如建施与结施标高是否相矛盾，建筑物基础与地沟、工艺设备基础等是否相碰、冲突，工艺管道、电气线路、设备装置与建筑物之间或相互间有无矛盾，布置是否合理。

1.1.3　平法施工图出图顺序

平法的基本特点是在平面布置图上直接表示构件尺寸和配筋方式，它的表示方法有三种，即平面注写方式、列表注写方式和截面注写方式。用平法设计制图规则完成的施工图，按照图 1-1 的顺序出图，这种出图顺序与现场施工顺序完全一致，见图 1-2，便于施工技术人员理解、掌握和具体实施。

图 1-1 平法施工图出图顺序　　　　图 1-2 现场施工顺序

1.2 平 法 基 础 知 识

1.2.1 平法的定义

建筑结构施工图平面整体设计方法，简称平法。

平法的表达形式概括来讲，就是把结构构件的尺寸和配筋等，按照平面整体表示方法制图规则，整体直接表达在各类构件的结构平面布置图上，再与标准构造详图相配合，构成一套新型完整的结构设计图。它改变了传统的将构件从结构平面布置图中索引出来，再逐个绘制配筋详图、画出钢筋表的烦琐方法。

平法适用于建筑结构的各种类型，包括混凝土结构、钢结构、砌体结构和混合结构。

1.2.2 平法基本原理

1. 平法的基本理论及系统构成

（1）平法的基本理论。

平法的基本理论为：以结构设计师的知识产权归属为依据，将结构设计分为创造性设计内容与重复性内容两部分，由结构设计师采用数字化符号化的平法整体表示方法制图规则完成创造性设计内容部分，重复性内容部分则采用标准构造设计，两部分为对应互补关系，合并构成完整的结构设计。

（2）平法的系统构成。

我们把结构施工图设计作为主系统，可将其分为若干子系统，见表1-1。

表 1-1　　　　　　　　　　　　　平法施工图的系统构成

主系统：结构施工图设计	第1子系统	结构设计总说明
	第2子系统	基础及地下结构平法施工图设计
	第3子系统	柱、墙结构平法施工图设计
	第4子系统	梁结构平法施工图设计
	第5子系统	楼板与楼梯平法施工图设计

以上五个子系统符合系统科学的特征，具有明确的层次性、关联性、功能性和相对完整性。

2. 平法图集简介

1995年7月，平法通过了建设部科技成果鉴定，鉴定意见为：建筑结构平面整体设计方法是结构设计领域的一项有创造性的改革。该方法提高设计效率数倍，同时提高了设计质量，大幅度降低了设计成本，达到了优质、高效、低消耗三项指标的要求，值得在全国推广。

平法创建二十多年来，G101-×、G901-×国家建筑标准设计已成系列。G101-×系列图集是平法制图规则和标准配筋构造详图。为了配合G101系列图集的使用，解决施工中的钢筋翻样计算和现场安装绑扎，从而实现设计构造与施工建造的有机结合，为施工人员进行钢筋排布和下料提供技术依据，还发行了G901系列平法图集。目前使用的G101-×系列国家建筑标准设计图集见表1-2。

表1-2 　　　　　　　　　　　G101系列国家建筑标准设计图集

序号	图集号	图 集 名 称	执行时间
1	22G101-1	混凝土结构施工图平面整体表示方法制图规则和构造详图（现浇混凝土框架、剪力墙、梁、板）	2022年5月
2	22G101-2	混凝土结构施工图平面整体表示方法制图规则和构造详图（现浇混凝土板式楼梯）	2022年5月
3	22G101-3	混凝土结构施工图平面整体表示方法制图规则和构造详图（独立基础、条形基础、筏形基础、桩基础）	2022年5月

3. 平法的实用效果

（1）结构设计实现标准化。

绘制建筑结构施工图时，采用标准化的设计制图规则，即执行国家建筑标准设计图集《混凝土结构平面整体表示方法制图规则》，使结构施工图表达数字化、符号化，单张图纸的信息量高而且集中；构件分类明确，层次清晰，表达准确，设计速度快，效率成倍提高。平法使设计者易掌握全局，易进行平衡调整，易修改，易校审，改图可不牵连其他构件，易控制设计质量。平法也能适应在主体结构开始施工后又进行大幅度调整的特殊情况。平法分结构层设计的图纸与水平逐层施工的顺序完全一致，对标准层可实现单张图纸施工，施工工程师对结构比较容易形成整体概念，有利于施工质量管理。

（2）构造设计实现标准化。

平法采用标准化的构造设计，形象、直观，施工易懂、易操作。标准构造详图可集国内较成熟、可靠的常规节点构造做法，集中分类归纳后编制成国家建筑标准设计图集供设计选用，可避免构造做法反复抄袭以及由此伴生的设计失误，保证节点构造在设计与施工两个方面均达到高质量。此外，对节点构造的研究、设计和施工实现专门化提出了更高的要求，已初步形成结构设计与施工的部分技术规则。

（3）平法大幅度降低设计成本，降低设计消耗，节约自然资源。

平法施工图是有序化、定量化的设计图纸，与其配套使用的标准设计图集可以重复使用，与传统方法相比图纸量减少70%以上，综合设计工日减少2/3以上，每10万 m^2 设计面积可降低设计成本约 27 万元，在节约人力资源的同时又节约了自然资源。

（4）平法大幅度提高设计效率。

平法可大幅度提高设计效率，立竿见影，能快速解放生产力，迅速缓解基本建设高峰时期结构设计人员紧缺的局面。

（5）平法促动人才分布格局的改变。

平法实施以后，实质性地影响了全国建筑结构领域的人才分布状况。设计单位对土建类专业大学毕业生的需求量显著减少，为施工单位招聘结构专业人才腾出了空间，大量土建类专业毕业生到施工部门择业已成普遍现象。随着时间的推移，高校培养的大批土建类高级技术人才必将对施工建设领域的科技进步发挥积极作用。

（6）平法促动设计院内的人才竞争，促进结构设计水平的提高。

事实充分证明，平法就是生产力，平法又创造了巨大的生产力。

1.2.3　学习平法的意义

平法是怎样产生的？平法的创始人陈青来教授，现在山东大学工作。在创立平法时，他在山东省建筑设计院从事结构设计工作。当时正值改革开放初期，设计任务繁重，为了加快结构设计的速度，简化结构设计的过程，他吸收了国外的经验，结合中国建筑界的具体实践，创立了平法。可以说，平法的产生，首先是为了设计的方便。我们知道，建筑工程图纸分为建筑施工图、结构施工图和设备施工图三大部分，其中结构施工图纸的工作量很大，现在由于实行了平法设计，结构图纸的数量大大减少；而且，结构设计的后期计算，例如每根钢筋形状和尺寸的具体计算、工程钢筋表的绘制等，也被免去了，这使得结构设计减少了大量枯燥无味的工作，极大地解放了结构设计师的生产力，加快了结构设计周期，提高了结构设计质量。

对结构设计有这么多的便利，对施工、监理、造价又有什么好处呢？

在科学技术发展史上，任何一种上游技术的进步，必然引发和推动该领域的中下游技术的相应进步，这种推动是自然规律使然，并不以人的意志为转移。如果我们视结构设计为上游技术的话，那么，结构施工、预算与监理可视为中下游技术（根据先后顺序而言，无高低之分）。平法施工图设计必然推动施工理念与预算方法的改进，当施工、预算与监理人员适应了平法设计之后，便能亲身体会到平法设计的规律性给他们带来的诸多方便。例如，工程师们携带到工程现场的图纸数量少了，就可以"轻装上阵"了。

不过，光带施工图是不够的，还要带上一套平法标准图集，就像学生日常携带的字典一样。但问题并不就这样解决了。手拿字典要先学会查字典的方法，手拿平法施工图就要先学会平法识图，要看懂平法施工图上标注的各种符号，并且能够在平法标准图集上查出相应的节点构造来。这就是同学们为什么要学习平法的原因。

土建类专业的学生将来不论是做结构设计、施工、监理还是预算，均离不开施工图纸，所以都要掌握平法知识，只有这样才能在建筑工程领域里有所作为。

1.3　混凝土结构一般构造

1.3.1　钢筋的锚固长度

为了保证钢筋与混凝土共同受力，它们之间必须要有足够的黏结强度。为了保证黏结效果，钢筋在混凝土中要有足够的锚固长度。

我国的钢筋强度不断提高，结构形式的多样性也使锚固条件有了很大变化，根据近年来系统实验研究及可靠度分析的结果并参考国外标准，GB 50010—2010《混凝土结构设计规范》（2015 年版）给出了受拉钢筋的基本锚固长度计算公式。

当计算中充分利用钢筋的抗拉强度时，受拉钢筋的基本锚固长度计算公式为：

$$l_{ab} = \alpha \frac{f_y}{f_t} d \tag{1-1}$$

当考虑工程中的具体情况时，受拉钢筋锚固长度应根据锚固条件按下式计算，且不应小于 200mm：

$$l_a = \zeta_a l_{ab} \tag{1-2}$$

抗震设计时，纵向受拉钢筋基本锚固长度计算公式为：

$$l_{abE} = \zeta_{aE} l_{ab} \tag{1-3}$$

纵向受拉钢筋抗震锚固长度计算公式为：

$$l_{aE} = \zeta_{aE} l_a \tag{1-4}$$

以上式中　l_{ab}——受拉钢筋基本锚固长度；

　　　　l_a——受拉钢筋锚固长度；

　　　　l_{abE}——抗震设计时受拉钢筋基本锚固长度；

　　　　l_{aE}——纵向受拉钢筋抗震锚固长度；

　　　　f_y——普通钢筋的抗拉强度设计值；

　　　　f_t——混凝土的轴心抗拉强度设计值，当混凝土强度等级大于 C60 时，按 C60 级取值；

　　　　d——锚固钢筋的公称直径；

　　　　α——锚固钢筋的外形系数；

　　　　ζ_a——锚固长度修正系数，按表 1-3 取用，当多于一项时，可按连乘计算，但不应小于 0.6；

　　　　ζ_{aE}——抗震锚固长度修正系数，对一、二级抗震等级取 1.15，对三级抗震等级取 1.05，对四级抗震等级取 1.00。

受拉钢筋基本锚固长度 l_{ab} 见表 1-4，抗震设计时受拉钢筋基本锚固长度 l_{abE} 见表 1-5，受拉钢筋锚固长度 l_a 见表 1-6，纵向受拉钢筋抗震锚固长度 l_{aE} 见表 1-7。

表 1-3　　　　　　　　　　**受拉钢筋锚固长度修正系数 ζ_a**

锚　固　条　件		ζ_a	备　　注
带肋钢筋的公称直径大于 25		1.10	
环氧树脂涂层带肋钢筋		1.25	—
施工过程中易受扰动的钢筋		1.10	
锚固区保护层厚度	$3d$	0.80	锚固区保护层厚度值大于 $3d$ 小于 $5d$ 时，按内插法取值
	$5d$	0.70	

表 1 - 4　　　　　　　　　　　　受拉钢筋基本锚固长度 l_{ab}

钢筋种类	混凝土强度等级								
	C20	C25	C30	C35	C40	C45	C50	C55	≥C60
HPB300	39d	34d	30d	28d	25d	24d	23d	22d	21d
HRB400、HRBF400、RRB400	—	40d	35d	32d	29d	28d	27d	26d	25d
HRB500、HRBF500	—	48d	43d	39d	36d	34d	32d	31d	30d

表 1 - 5　　　　　　　抗震设计时受拉钢筋基本锚固长度 l_{abE}

钢筋种类	抗震等级	混凝土强度等级								
		C20	C25	C30	C35	C40	C45	C50	C55	≥C60
HPB300	一、二级	45d	39d	35d	32d	29d	28d	26d	25d	24d
	三级	41d	36d	32d	29d	26d	25d	24d	23d	22d
HRB400 HRBF400	一、二级	—	46d	40d	37d	33d	32d	31d	30d	29d
	三级	—	42d	37d	34d	30d	29d	28d	27d	26d
HRB500 HRBF500	一、二级	—	55d	49d	45d	41d	39d	37d	36d	35d
	三级	—	50d	45d	41d	38d	36d	34d	33d	32d

注 1. 四级抗震时，$l_{abE}=l_{ab}$。

2. 混凝土强度等级应取锚固区的混凝土强度等级。

3. 当锚固钢筋的保护层厚度不大于 5d 时，锚固钢筋长度范围内应设置横向构造钢筋，其直径不应小于 $d/4$（d 为锚固钢筋的最大直径）；对梁、柱等构件间距不应大于 5d，对板、墙等构件间距不应大于 10d，且均不应大于 100mm（d 为锚固钢筋的最小直径）。

表 1 - 6　　　　　　　　　　受拉钢筋锚固长度 l_a

钢筋种类	混凝土强度等级							
	C20	C25		C30		C35		C40	
	$d≤25$	$d≤25$	$d>25$	$d≤25$	$d>25$	$d≤25$	$d>25$	$d≤25$	$d>25$
HPB300	39d	34d	—	30d	—	28d	—	25d	—
HRB400、HRBF400 RRB400	—	40d	44d	35d	39d	32d	35d	29d	32d
HRB500、HRBF500	—	48d	53d	43d	47d	39d	43d	36d	40d

注 混凝土强度等级≥C50 所对应的受拉钢筋锚固长度 l_a 见图集。

表 1 - 7　　　　　　　　　受拉钢筋抗震锚固长度 l_{aE}

钢筋种类	抗震等级	混凝土强度等级							
		C20	C25		C30		C35		C40	
		$d≤25$	$d≤25$	$d>25$	$d≤25$	$d>25$	$d≤25$	$d>25$	$d≤25$	$d>25$
HPB300	一、二级	45d	39d		35d		32d		29d	
	三级	41d	36d		32d		29d		26d	

续表

钢筋种类	抗震等级	混凝土强度等级								
		C20	C25		C30		C35		C40	
		$d \leqslant 25$	$d \leqslant 25$	$d > 25$	$d \leqslant 25$	$d > 25$	$d \leqslant 25$	$d > 25$	$d \leqslant 25$	$d > 25$
HRB400 HRBF400	一、二级	—	$46d$	$51d$	$40d$	$45d$	$37d$	$40d$	$33d$	$37d$
	三级	—	$42d$	$46d$	$37d$	$41d$	$34d$	$37d$	$30d$	$34d$
HRB500 HRBF500	一、二级	—	$55d$	$61d$	$49d$	$54d$	$45d$	$49d$	$41d$	$46d$
	三级	—	$50d$	$56d$	$45d$	$49d$	$41d$	$45d$	$38d$	$42d$

注 1. 当为环氧树脂涂层带肋钢筋时，表中数据尚应乘以 1.25。

    2. 当纵向受拉钢筋在施工过程中易受扰动时，表中数据尚应乘以 1.1。

    3. 当锚固长度范围内纵向受拉钢筋周边保护层厚度为 $3d$（d 为锚固钢筋的直径）时，表中数据可乘以 0.8；保护层厚度不小于 $5d$ 时，表中数据可乘以 0.7；中间按内插值。

    4. 当纵向受拉普通钢筋锚固长度修正系数（注1～注3）多于一项时，可按连乘计算。

    5. 受拉钢筋的锚固长度 l_a、l_{aE} 计算值不应小于 200mm。

    6. 四级抗震等级时，$l_{aE} = l_a$。

    7. 当锚固钢筋的保护层厚度不大于 $5d$ 时，锚固钢筋长度范围内应设置横向构造钢筋，其直径不应小于 $d/4$（d 为锚固钢筋的最大直径）；对梁、柱等构件间距不应大于 $5d$，对板、墙等构件间距不应大于 $10d$，且均不应大于 100mm（d 为锚固钢筋的最小直径）。

    8. HPB300 钢筋末端应做 180°弯钩。

    9. 混凝土强度等级应取锚固区的混凝土强度等级。

1.3.2 钢筋的连接构造

在施工过程中，当构件的钢筋不够长（钢筋定长一般为 9m）时，钢筋需要连接。钢筋连接可采用绑扎搭接、机械连接或焊接连接。混凝土结构中受力钢筋的连接接头宜设置在受力较小处，在同一根受力钢筋上宜少设接头，在结构的重要构件和关键传力部位，纵向受力钢筋不宜设置连接接头。

同一构件相邻纵向受力钢筋的绑扎搭接、机械连接、焊接接头构造见图 1-3。图中 d 为相互连接两根钢筋中较小直径；当同一构件同一截面有不同钢筋直径时，取较大直径计算连接区段长度。

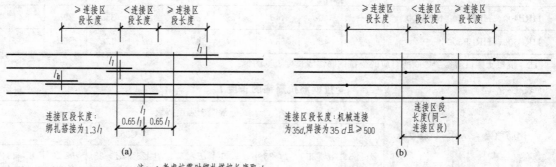

注：1. 考虑抗震时绑扎搭接长度取 l_{lE}。
    2. d 为相互连接钢筋的较小直径，当同一构件连接区段长度不同时，取大值。
    3. 当受拉钢筋直径>25mm 及受压钢筋直径>28mm 时，不宜采用绑扎搭接。

图 1-3 同一连接区段内纵向受拉钢筋连接接头构造

　　纵向受拉钢筋绑扎搭接接头的搭接长度，应根据位于同一连接区段内的钢筋搭接接头面积百分率按下列公式计算，且不应小于 300mm。

$$l_l = \zeta_l l_a \tag{1-5}$$

　　纵向受拉钢筋绑扎搭接接头的抗震搭接长度按下列公式计算：

$$l_{lE} = \zeta_l l_{aE} \tag{1-6}$$

式中　ζ_l——纵向受拉钢筋搭接长度修正系数，按表 1-8 取值；

　　　　l_l——纵向受拉钢筋搭接长度，见表 1-9；

　　　　l_{lE}——纵向受拉钢筋抗震搭接长度，见表 1-10。

表 1-8　　　　　　　　　　　　**纵向受拉钢筋搭接长度修正系数**

纵向钢筋搭接接头面积百分率（%）	≤25	50	100	注：当纵向钢筋搭接接头面积百分率为表中的
ζ_l	1.2	1.4	1.6	中间值时，ζ_l 可按内插取值

表 1-9　　　　　　　　　　　　**纵向受拉钢筋搭接长度 l_l**

钢筋种类及同一区段内搭接钢筋面积百分率		混凝土强度等级								
		C20	C25		C30		C35		C40	
		$d \leq 25$	$d \leq 25$	$d > 25$	$d \leq 25$	$d > 25$	$d \leq 25$	$d > 25$	$d \leq 25$	$d > 25$
HPB300	≤25%	47d	41d	—	36d	—	34d	—	30d	—
	50%	55d	48d	—	42d	—	39d	—	35d	—
	100%	62d	54d	—	48d	—	45d	—	40d	—
HRB400 HRBF400	≤25%	—	48d	53d	42d	47d	38d	42d	35d	38d
	50%	—	56d	62d	49d	55d	45d	49d	41d	45d
	100%	—	64d	70d	56d	62d	51d	56d	46d	51d
HRB500 HRBF500	≤25%	—	58d	64d	52d	56d	47d	52d	43d	48d
	50%	—	67d	74d	60d	66d	55d	60d	50d	56d
	100%	—	77d	85d	69d	75d	62d	69d	58d	64d

注　1. 表中数值为纵向受拉钢筋绑扎搭接接头的搭接长度。

　　　2. 两根不同直径钢筋搭接时，表中 d 取较小钢筋直径。

　　　3. 当为环氧树脂涂层带肋钢筋时，表中数据尚应乘以 1.25。

　　　4. 当纵向受拉钢筋在施工过程中易受扰动时，表中数据尚应乘以 1.1。

　　　5. 当搭接长度范围内纵向受力钢筋周边保护层厚度为 3d（d 为搭接钢筋的直径）时，表中数据可乘以 0.8；保护层厚度不小于 5d，表中数据可乘以 0.7；中间按内插值。

　　　6. 当上述修正系数（注 3～注 5）多于一项时，可按连乘计算。

　　　7. 当位于同一连接区段内的钢筋搭接接头面积百分率为表中数据中间值时，搭接长度可按内插取值。

　　　8. 任何情况下搭接长度不应小于 300。

　　　9. HPB300 级钢筋末端应做 180°弯钩。

表 1-10　　　　　　　　　　　　纵向受拉钢筋抗震搭接长度 l_{lE}

钢筋种类及同一区段内搭接钢筋面积百分率			混凝土强度等级								
			C20	C25		C30		C35		C40	
			$d{\leqslant}25$	$d{\leqslant}25$	$d{>}25$	$d{\leqslant}25$	$d{>}25$	$d{\leqslant}25$	$d{>}25$	$d{\leqslant}25$	$d{>}25$
一、二级抗震等级	HPB300	≤25%	54d	47d	—	42d	—	38d	—	35d	—
		50%	63d	55d	—	49d	—	45d	—	41d	—
	HRB400 HRBF400	≤25%	—	55d	61d	48d	54d	44d	48d	40d	44d
		50%	—	64d	71d	56d	63d	52d	65d	46d	52d
	HRB500 HRBF500	≤25%	—	66d	73d	59d	65d	54d	59d	49d	55d
		50%	—	77d	85d	69d	76d	63d	69d	57d	64d
三级抗震等级	HPB300	≤25%	49d	43d	—	38d	—	35d	—	31d	—
		50%	57d	50d	—	45d	—	41d	—	36d	—
	HRB400 HRBF400	≤25%	—	50d	55d	44d	49d	41d	44d	36d	41d
		50%	—	59d	64d	52d	57d	48d	52d	42d	48d
三级抗震等级	HRB500 HRBF500	≤25%	—	60d	67d	54d	59d	49d	54d	46d	50d
		50%	—	70d	78d	63d	69d	57d	63d	53d	59d

注　1. 表中数值为纵向受拉钢筋绑扎搭接接头的搭接长度。

2. 两根不同直径钢筋搭接时，表中 d 取较小钢筋直径。

3. 当为环氧树脂涂层带肋钢筋时，表中数据尚应乘以 1.25。

4. 当纵向受拉钢筋在施工过程中易受扰动时，表中数据尚应乘以 1.1。

5. 当搭接长度范围内纵向受力钢筋周边保护层厚度为 $3d$（d 为搭接钢筋的直径）时，表中数据可乘以 0.8；保护层厚度不小于 $5d$，表中数据可乘以 0.7；中间按内插取值。

6. 当上述修正系数（注 3~注 5）多于一项时，可按连乘计算。

7. 当位于同一连接区段内的钢筋搭接接头面积百分率为 100% 时，$l_{lE}=1.6 l_{aE}$。

8. 当位于同一连接区段内的钢筋搭接接头面积百分率为表中数据中间值时，搭接长度可按内插取值。

9. 任何情况下搭接长度不应小于 300。

10. 四级抗震等级时，$l_{lE}=l_l$。

11. HP300 级钢筋末端应做 180°弯钩。

1.3.3　混凝土结构的环境类别

混凝土结构应根据设计使用年限和环境类别进行耐久性设计，混凝土结构的耐久性与环境类别有很大关系，GB 50010—2010《混凝土结构设计规范》（2015 年版）对混凝土结构环境类别规定见表 1-11。

表 1-11　　　　　　　　　　　　混凝土结构的环境类别

环境类别	条　件
一	室内干燥环境； 无侵蚀性静水浸没环境
二 a	室内潮湿环境； 非严寒和非寒冷地区的露天环境； 非严寒和非寒冷地区与无侵蚀性的水或土壤直接接触的环境； 严寒和寒冷地区的冰冻线以下与无侵蚀性的水或土壤直接接触的环境

环境类别	条 件
二 b	干湿交替环境； 水位频繁变动环境； 严寒和寒冷地区的露天环境； 严寒和寒冷地区的冰冻线以上与无侵蚀性的水或土壤直接接触的环境
三 a	严寒和寒冷地区冬季水位变动区环境； 受除冰盐影响环境； 海风环境
三 b	盐渍土环境； 受除冰盐作用环境； 海岸环境
四	海水环境
五	受人为或自然的侵蚀性物质影响的环境

注 1. 室内潮湿环境是指构件表面经常结露或湿润状态的环境。

2. 严寒和寒冷地区的划分应符合国家现行标准《民用建筑热工设计工程》（GB 50176）的有关规定。

3. 海岸环境和海风环境宜根据当地情况，考虑主导风向及结构所处迎风、背风部位等因素的影响，由调查研究和工作经验确定。

4. 受除冰盐影响环境是指受到除冰盐盐雾的影响环境；受除冰盐作用环境是指被除冰盐溶液溅射的环境以及使用除冰盐地区的洗车房、停车楼等建筑。

5. 暴露的环境是指混凝土结构表面所处的环境。

1.3.4 混凝土保护层厚度

为了保护钢筋在混凝土内部不被侵蚀，并保证钢筋与混凝土之间的黏结力，钢筋混凝土构件都必须设置一定的保护层厚度。混凝土保护层厚度指最外层钢筋外边缘至混凝土表面的距离。

GB 50010—2010《混凝土结构设计规范》（2015 年版）第 8.2.1 规定，构件中普通钢筋及预应力筋的混凝土保护层厚度应满足下列要求。

（1）构件中受力钢筋的保护层厚度不应小于钢筋的公称直径 d；

（2）设计使用年限为 50 年的混凝土结构，最外层钢筋的保护层厚度应符合表 1-12 的规定；设计使用年限为 100 年的混凝土结构，最外层钢筋的保护层厚度不应小于表中数值的 1.4 倍。

表 1-12　　　　混凝土保护层的最小厚度 c　　　　mm

环 境 类 别	板、墙、壳	梁、柱、杆
一	15	20
二 a	20	25
二 b	25	35
三 a	30	40
三 b	40	50

注 适用于设计使用年限为 50 年的混凝土结构。

1. 混凝土强度等级为 C25 时，表中保护层厚度应增加 5mm。

2. 基础底面钢筋的混凝土保护层厚度，有混凝土垫层时应从垫层顶面算起不应小于 40mm。

1.3.5 钢筋一般构造

1. 钢筋间距要求

为了使纵向受拉钢筋保证"足强度"，实现混凝土对钢筋的完全锚固，必须保证各钢筋之间的净距在合理的范围内，见图1-4。

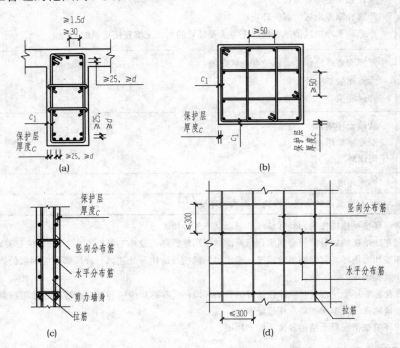

图1-4 混凝土保护层及纵筋间距

（a）梁截面；（b）柱截面；（c）剪力墙截面；（d）剪力墙钢筋立面

注：c为最外层钢筋的保护层厚度；c_1为纵筋的保护层厚度，不应小于纵筋直径d。

（1）梁纵向钢筋间距。

当排布梁的纵向钢筋时，必须考虑钢筋根数和间距。梁上部纵向钢筋水平方向的净间距（钢筋外边缘之间的最小距离）不应小于30mm和$1.5d$（d为钢筋的最大直径）；下部纵向钢筋水平方向的净间距不应小于25mm和d。梁的下部纵向钢筋配置多于两排时，两排以上钢筋水平方向的中距应比下面两排的中距增大一倍。各排钢筋之间的净间距不应小于25mm和d，见图1-4（a）。

（2）柱纵向钢筋间距。

柱内纵向受力钢筋的净间距不应小于50mm，中心距不应大于300mm；抗震且截面尺寸大于400mm的柱，其中心距不宜大于200mm，见图1-4（b）。

（3）剪力墙分布筋间距。

剪力墙水平分布筋和竖向分布筋间距（中心距）不宜大于300mm，见图1-4（d）。

2. 箍筋、拉筋和拉结筋的弯钩构造

箍筋和拉筋弯钩构造见图1-5。除焊接封闭环式箍筋外，箍筋的末端均应做弯钩，弯钩形式应符合设计要求，当无设计要求时，应符合下列规定：

（1）箍筋弯钩的弯弧内直径不应小于钢筋直径的4倍，且不应小于纵向受力钢筋直径。

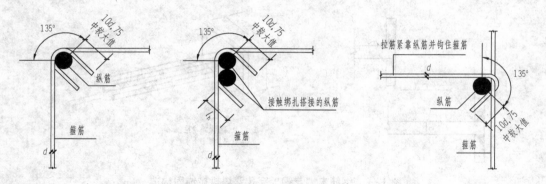

注：非框架梁以及不考虑地震作用的悬挑梁，箍筋及拉筋
弯钩平直段长度可为5d，当其受扭时，应为10d。

图1-5 箍筋和拉筋弯钩构造

（2）箍筋弯钩的弯折角度为135°。

（3）箍筋弯钩弯后的平直段长度，当构件抗震或受扭时，不应小于10d和75mm中的较大值；当构件非抗震时，不应小于5d。

（4）拉筋弯钩构造与箍筋相同。

另外，拉结筋的弯钩构造见图1-6。

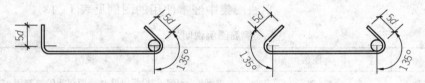

注：用于剪力墙分布钢筋的拉结，宜同时勾住外侧水平及竖向分布钢筋

图1-6 拉结构弯钩构造

3. 纵向钢筋机械锚固构造

在工程中，当钢筋由于受限制而不能满足锚固长度要求时，可以采用纵向钢筋弯钩或机械锚固措施，22G101-1图集给出了四种锚固形式，这里介绍其中的两种：①末端带135°弯钩，见图1-7；②末端与钢板穿孔塞焊，见图1-8。

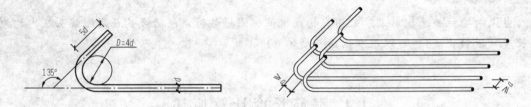

注：a为钢筋最小净距。

图1-7 钢筋末端带135°弯钩机械锚固构造

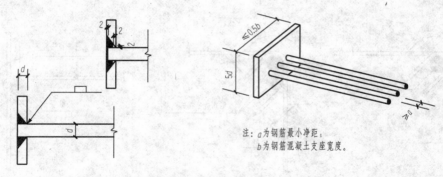

注：a 为钢筋最小净距；
b 为钢筋混凝土支座宽度。

图 1-8　钢筋末端与钢板穿孔塞焊机械锚固构造

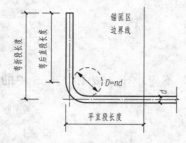

图 1-9　钢筋 90°弯折锚固示意

4. 钢筋 90°弯折锚固说明

22G101 图集中钢筋采用 90°弯折锚固时，图示"平直段长度"及"弯折段长度"均包括弯弧在内的投影长度见图 1-9。注意：弯后直段长度和弯折段长度含义不同，见公式 1-7。

$$弯折段长度 = 弯后直段长度 + D/2 + d \quad (1-7)$$

式中　D——钢筋加工弯曲直径；

　　　d——钢筋直径。

5. 钢筋图例说明

平法图集中经常使用的图例见表 1-13。

表 1-13　　　　　　　　　　**钢筋图例说明**

名称	图例	说明
钢筋端部截断		表示长、短钢筋投影重叠时，短钢筋的端部用 45°斜画线表示
钢筋搭接连接		—
钢筋焊接		—
钢筋机械连接		—
端部带锚固板的钢筋		—

 特 别 提 示

　　当纵向受拉普通钢筋末端采用弯钩或机械锚固措施时，包括弯钩或锚固端头在内的锚固长度（投影长度），可取基本锚固长度的 60%。

1.4　钢筋长度计算概述

　　"钢筋计算"是指依据工程施工图，按照各构件中钢筋的标注，结合构件的特点和钢筋所在的部位，计算钢筋的根数和长度，再合计得到钢筋的总重量。钢筋计算长度包括钢筋造价长度和钢筋下料长度。钢筋造价长度计算相对于钢筋下料长度计算要粗，或者

说可以简化计算，偏于安全取值，本书主要学习和讨论平法钢筋造价长度计算。钢筋下料长度计算参见项目 8 相关内容。

本书平法钢筋计算，依据目前执行的平法图集 22G101 中钢筋构造要求进行计算，如果平法图集发生变化，本书的钢筋计算内容也要相应调整。

1.4.1 钢筋造价长度与下料长度

结构施工图中所标注的钢筋尺寸，是指加工后的钢筋外轮廓尺寸，称为钢筋的外包尺寸（外皮尺寸），即钢筋造价尺寸，见图 1-10。在钢筋弯折处，沿着钢筋内侧衡量的尺寸，称为钢筋的内包尺寸（内皮尺寸）。

由于结构受力上的需要，大多数钢筋需要在规定的位置弯曲。钢筋弯曲时，其外壁伸长，内壁缩短，而中心线长度不变，前面提到的钢筋下料长度就是指钢筋中心线的长度，见图 1-10。

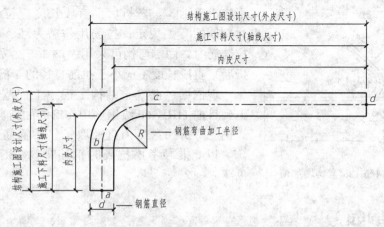

图 1-10 钢筋各种尺寸示意图

1.4.2 钢筋弯钩增加值

为了增加钢筋与混凝土之间的黏结力，钢筋弯折后还要有一定的锚固长度，此段长度再考虑量度差值后称为弯钩增加值。这里只讨论钢筋弯钩 $180°$ 和 $135°$ 后的增加值。

1. 钢筋 $180°$ 弯钩增加值

由于 HPB300 级钢筋（光圆钢筋）在混凝土内与混凝土的握裹力不及带肋钢筋，所以光圆钢筋末端要带 $180°$ 的弯钩，再加平直段 $3d$。

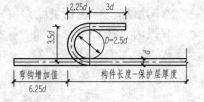

图 1-11 钢筋 $180°$ 弯钩增加值

HPB300 级钢筋（光圆钢筋）作为受力筋时，末端做 $180°$ 弯钩，平直段长度取 $3d$，见图 1-11。

弯钩全长＝半圆长＋平直段长＝$3.5d × \pi/2 + 3d = 8.5d$

弯钩增加值（包括量度差值）＝$8.5d - 2.25d = 6.25d$

这就是大家所熟悉的光圆钢筋末端做 $180°$ 时弯钩增加值 $6.25d$。

2. 钢筋 $135°$ 弯钩增加值

柱、梁、剪力墙构件均配有箍筋和拉筋（单肢箍），一般情况下，箍筋和拉筋的末端要做 $135°$ 弯钩，再加平直段。

GB 50666—2011《混凝土结构工程施工规范》的第 5.3.4 条规定：钢筋弯折的弯弧内

直径应符合下列规定：

（1）光圆钢筋，不应小于钢筋直径的 2.5 倍；

（2）335MPa 级、400MPa 级带肋钢筋，不应小于钢筋直径的 4 倍；

（3）箍筋弯折处尚不应小于纵向受力钢筋直径；箍筋弯折处纵向受力钢筋为搭接钢筋或并筋时，应按钢筋实际排布情况确定箍筋弯弧内直径。

第 5.3.6 条规定：箍筋、拉筋的末端应按设计要求作弯钩，并应符合下列规定：

（1）对一般结构构件，箍筋弯钩的弯折角度不应小于 90°，弯折后平直段长度不应小于箍筋直径的 5 倍；对有抗震设防要求或设计有专门要求的结构构件，箍筋弯钩的弯折角度不应小于 135°，弯折后平直段长度不应小于箍筋直径的 10 倍和 75mm 两者中的较大者。

（2）拉筋用作梁、柱复合箍筋中单肢箍筋或梁腰筋间拉结筋时，两端弯钩的弯折角度均不应小于 135°，弯折后平直段长度应符合本条第 1 款对箍筋的有关规定；拉筋用作剪力墙、楼板等构件中拉结筋时，两端弯钩可采用一端 135°，另一端 90°，弯折后平直段长度不应小于拉筋直径的 5 倍。

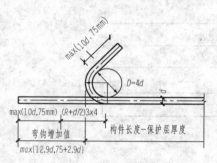

图 1-12　钢筋 135°弯钩增加值

现依据《混凝土结构工程施工规范》的规定，考虑到目前 HRB400 级钢筋用作箍筋的情况越来越普遍，故钢筋弯折的弯弧内直径取 4 倍的箍筋直径，即 $D=4d$，以此推导考虑抗震时钢筋弯钩 135°弯钩增加值，见图 1-12。

✎ 特 别 提 示

由此看来，很多书中箍筋弯钩 135°弯弧内直径用 $D=2.5d$ 计算，弯钩量度差值为 $1.87d$（$1.9d$），所得的公式 $L=2b+2h-8c+2\max（11.9d，75+1.9d）$，这是错误的。

例如：箍筋 $d=8$mm 时，$D=2.5×8=20$mm，如果主筋 $d\geqslant22$mm，就不满足"箍筋弯折处尚不应小于纵向受力钢筋直径"的要求，即施工时主筋套不进箍筋里。

弯钩增加值（包括量度差值）$=(R+d/2)×3\pi/4+\max\{10d，75\}-(R+d)$

弯弧内直径 $D=4d$，即 $R=2d$，则

$$
\begin{aligned}
弯钩增加值 &=(R+d/2)×3\pi/4+\max\{10d，75\}-(R+d)\\
&=(2d+0.5d)×3\pi/4-(2d+d)+\max\{10d，75\}\\
&=2.9d+\max\{10d，75\}\\
&=\max\{12.9d，75+2.9d\}
\end{aligned}
$$

不同情况下，钢筋 135°弯钩增加值见表 1-14。

表 1-14　　　　　　　　　　　　钢筋 135°弯钩增加值

钢筋用途	适用范围	平直段长度	弯钩增加值
1. 柱、梁的箍筋；	受扭	$10d$	$12.9d$
2. 柱、梁复合箍筋中单肢箍或梁腰筋间的拉筋	抗震	$\max\{10d，75\}$	$\max\{12.9d，75+2.9d\}$
	非抗震	$5d$	$7.9d$
剪力墙、楼板等构件的拉筋		$5d$	$7.9d$

思 考 题

1. 什么叫平法？

2. 施工图的作用是什么？结构施工图是如何分类的？

3. 请说出结构施工图的识读方法和步骤。

4. 某一工程采用混凝土强度等级 C25，普通钢筋 HRB335，直径 22mm，三级抗震等级，请查表确定 l_{aE}；若其他条件不变，只是采用带肋钢筋 HRB400，直径 28mm，请查表确定 l_{aE}。

5. 对梁、柱、剪力墙的纵向钢筋间距有什么要求？

项目 2

基础平法识图与钢筋计算

本项目相关资源

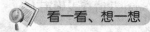

图 2-1 和图 2-2 是独立基础和梁板式筏形基础的施工现场照片，请仔细观察钢筋的位置和形状。你能说出这里有几种钢筋吗？除钢筋以外你还看见了什么？

图 2-1 独立基础钢筋

图 2-2 梁板式筏形基础钢筋

2.1 独立基础平法设计规则

2.1.1 独立基础编号

独立基础是指钢筋混凝土柱下单独基础，是柱子基础的主要形式，可分为普通独立基础和杯口独立基础，按其截面形状又可分为阶形独立基础和坡形独立基础。对独立基础要按表 2-1 规定进行编号。

表 2-1
独立基础编号

类　型	基础底板截面形状	代　号	序　号
普通独立基础	阶形	DJ_J	××
	锥形	DJ_Z	××
杯口独立基础	阶形	BJ_J	××
	锥形	BJ_Z	××

2.1.2 普通独立基础的平面注写方式

普通独立基础平法施工图有平面注写和截面注写两种，本书只介绍平面注写方式。

普通独立基础的平面注写方式是指直接在独立基础平面布置图上进行数据项的标注，可分为集中标注和原位标注两部分，见图2-3。

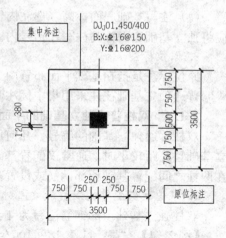

图2-3　普通独立基础平法施工图示意

1. 集中标注

集中标注是在基础平面布置图上集中引注："基础编号、截面竖向尺寸、配筋"三项必注内容，以及基础底面标高（与基础底面基准标高不同时）和必要的文字注解两项选注内容。

普通独立基础集中标注规定如下：

（1）独立基础编号（必注内容）：独立基础编号见表2-1，如阶形普通独立基础表示为$DJ_J \times \times$；坡形普通独立基础表示为$DJ_P \times \times$。

（2）独立基础截面竖向尺寸（必注内容）：普通独立基础截面竖向尺寸注写$h_1/h_2/\cdots$，要求从下往上表示每个台阶的高度。

【例2-1】　当阶形普通独立基础DJ_J的竖向尺寸注写为200/200时，表示$h_1=200mm$、$h_2=200mm$，基础底板厚度为400mm；当竖向尺寸注写为400/300/300时，表示$h_1=400mm$、$h_2=300mm$、$h_3=300mm$，基础底板总厚度为1000mm，见图2-4（a）。

【例2-2】　坡形普通独立基础DJ_P的竖向尺寸注写为350/300时，表示$h_1=350mm$、$h_2=300mm$，基础底板厚度为650mm，见图2-4（b）。

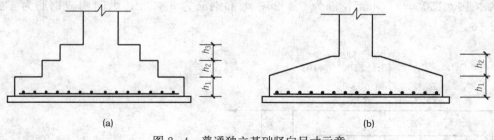

(a) (b)

图2-4　普通独立基础竖向尺寸示意

(a) 阶形普通独立基础；(b) 坡形普通独立基础

（3）独立基础配筋（必注内容）：独立基础主要注写底板双向配筋，注写要求规定如下：

1）以B代表独立基础底板的底部配筋；

2）X向配筋以X打头、Y向配筋以Y打头注写；当两向配筋相同时，则以X&Y打头注写。

【例2-3】　独立基础底板配筋标注为"B：X：Φ16@150，Y：Φ16@200"时，表示基础底部配置HRB400级钢筋，X向钢筋直径为16mm，间距150mm，Y向钢筋直径为16mm，间距200mm，见图2-3。

　特别提示

G101系列图集规定：以B（Bottom）代表下部，T（Top）代表上部，B、T分别代表下部与上部，X向贯通纵筋以X打头，Y向贯通纵筋以Y打头，两向贯通纵筋配置相同时以X&Y打头。

（4）注写基础底面标高（选注内容）：当独立基础底面标高与基础底面基准标高不同时，应将独立基础底面标高注写在括号内。

2. 原位标注

原位标注是指在基础平面布置图上标注独立基础的平面尺寸。

普通独立基础往往采用集中标注和原位标注综合表示。

2.1.3　双柱普通独立基础的平面注写方式

双柱普通独立基础的编号、几何尺寸和配筋标注方式与单柱独立基础相同。当为双柱独立基础且柱距较小时，通常仅配置基础底部钢筋；当柱距较大时，除基础底部配筋外，尚需在两柱之间配置基础顶部钢筋或设置基础梁。

1. 基础顶部配筋的双柱独立基础

双柱独立基础顶部钢筋注写为 T：$\times$ Φ $\times\times$@$\times\times\times$/ϕ $\times$@$\times\times\times$。

【例 2-4】 "T：11 Φ 18@100/ϕ 10@200"表示基础顶部配置纵向受力钢筋 HRB400 级，直径为 18mm 共设置 11 根，间距 100mm；分布筋为 HPB300 级，直径为 10mm，间距 200mm，见图 2-5。

2. 基础顶部设置基础梁的双柱独立基础

双柱独立基础设有基础梁时，注写基础梁的编号、几何尺寸和配筋。如 JL$\times\times$（1）表示该基础梁为 1 跨，两端无外伸；JL$\times\times$（1A）表示该基础梁为 1 跨，一端有外伸；JL$\times\times$（1B）表示该基础梁为 1 跨，两端有外伸。

【例 2-5】 JL01（1B）表示 1 号基础梁为 1 跨，两端有外伸；几何尺寸为 600×1000；箍筋为 ϕ 10@150（4）；下部钢筋为 6 Φ 25；上部钢筋为 6 Φ 22；纵向构造钢筋为 4 Φ 12，见图 2-6。

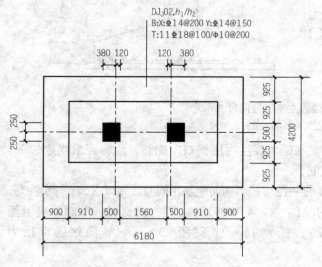

图 2-5　双柱独立基础平法施工图示意

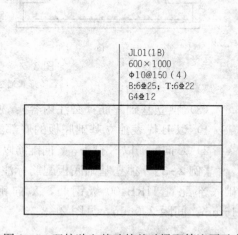

图 2-6　双柱独立基础的基础梁配筋注写示意

2.2　独立基础底板钢筋构造

2.2.1　单柱普通独立基础底板钢筋构造

单柱普通独立基础底板钢筋构造分为一般构造和长度减短 10％构造。

1. 独立基础底板配筋一般构造

独立基础底板双向均要配置钢筋，见图 2-7（a），要点为：

（1）独立基础底板双向交叉钢筋长向钢筋在下，短向钢筋在上，这与楼层双向板钢筋配置正好相反。

（2）基础底板第一根钢筋距构件边缘的起步距离为不大于 75mm 且不大于 $s/2$（s 为钢筋间距），即 $\min(75，s/2)$。

2. 独立基础底板配筋长度减短 10% 构造

当独立基础底板长度≥2500mm 时，采用钢筋长度减短 10% 构造，见图 2-7（b），要点为：

（1）最外侧四周的钢筋（四根）不缩减，其他底板钢筋长度可取相应方向底板长度的 0.9 倍。

（2）0.9 倍底板长度的钢筋交错布置。

当非对称独立基础底板长度≥2500mm，但该基础某侧从柱中心至基础底板边缘距离 <1250mm 时，钢筋在该侧不应减短。

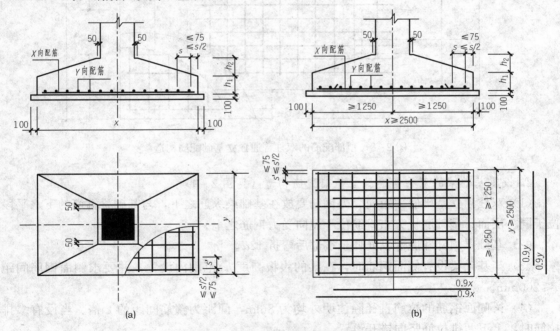

图 2-7　独立基础底板配筋构造

（a）一般构造；（b）长度减短 10% 构造

2.2.2　双柱普通独立基础底板钢筋构造

1. 双柱普通独立基础配筋构造（见图 2-8）

（1）双柱普通独立基础底部双向交叉钢筋，根据基础两个方向从柱外缘至基础外缘的伸出长度 ex 和 ey 的大小，较大者方向的钢筋在下，较小者方向的钢筋在上。

（2）顶部配筋的双柱普通独立基础，其上部纵向钢筋（顶部柱间纵向钢筋）位于上部上排，并伸入柱内缘线 l_a；分布钢筋位于上部下排。

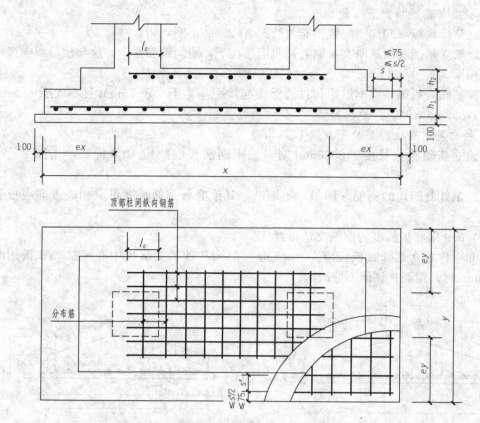

图 2-8　顶部配筋的双柱普通独立基础配筋构造

2. 设置基础梁的双柱普通独立基础配筋构造（见图 2-9）

（1）双柱独立基础底部短向受力钢筋要放在基础梁纵筋之下，与基础梁箍筋的下水平段位于同一层面；基础底板分布钢筋位于短向受力钢筋之上。

（2）基础梁顶部和底部纵筋伸至端部后弯折 $12d$。

（3）当基础梁设有侧面钢筋时，在梁的腹板高度 h_w 范围内设置，并要求侧面钢筋间距 $a \leqslant 200\text{mm}$。

（4）梁侧面钢筋的拉筋直径除注明外均为 8mm，间距为箍筋间距的 2 倍。当设有多排拉筋时，上下两排拉筋竖向错开设置。

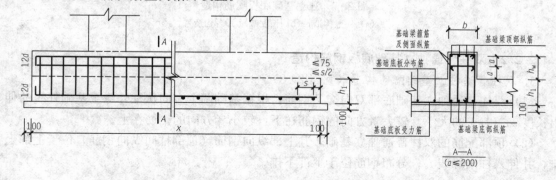

图 2-9　设置基础梁的双柱普通独立基础配筋构造（一）

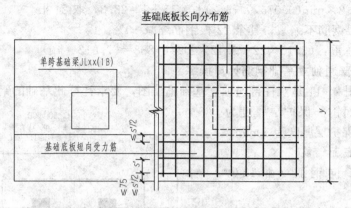

图 2-9 设置基础梁的双柱普通独立基础配筋构造（二）

2.3 独立基础钢筋计算操练

2.3.1 单柱普通独立基础钢筋计算操练

【例 2-6】 图 2-10 是一阶形单柱普通独立基础施工图，要求计算此基础的钢筋工程量。

解 基础底面钢筋保护层厚度为 40mm，钢筋单位理论重量查附表，Φ 14 钢筋为 1.208kg/m，Φ 12 钢筋为 0.888kg/m。

1. 计算 X 向钢筋（Φ 14@200）

由于 X 向底板边长 3.5m＞2.5m，所以要采用 "独立基础底板配筋长度减短 10% 构造"。

X 向外侧钢筋长度 $= 3.5 - 2 \times 0.04 = 3.42$（m）

X 向其余钢筋长度 $= 3.5 \times 0.9 = 3.15$（m）

基础底板钢筋根数计算公式为：

$$n = \left[另向基板长 - 2 \times \min\left(75, \frac{s}{2}\right) \right]/s + 1$$

按上式求得的值，只入不舍，取整数

根数 $= [3.5 - 2 \times \min(0.075, 0.2/2)]/0.2 + 1 = 17.75$，取 18 根。

其中外侧 2 根钢筋不缩减，其余 16 根钢筋缩减 10%。

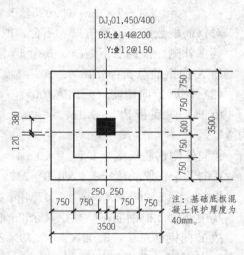

DJ$_J$01.450/400
B:X:Φ14@200
   Y:Φ12@150

注：基础底板混凝土保护厚度为 40mm。

图 2-10 单柱独立基础平法施工图

故 X 向钢筋总重：$(3.15 \times 16 + 3.42 \times 2) \times 1.208 = 69.146$（kg）

2. 计算 Y 向钢筋（Φ 12@150）

由于 Y 向底板边长 3.5m＞2.5m，所以要采用 "独立基础底板配筋长度减短 10% 构造"。

Y 向外侧钢筋长度 $= 3.5 - 2 \times 0.04 = 3.42$（m）

Y 向其余钢筋长度 $= 3.5 \times 0.9 = 3.15$（m）

根数＝[3.5－2×min(0.075,0.15/2)]/0.15+1＝23.3，取 24 根。

其中外侧 2 根钢筋不缩减，其余 22 根钢筋缩减 10％。

故 Y 向钢筋总重：(3.15×22＋3.42×2)×0.888＝67.612（kg）

2.3.2 双柱普通独立基础钢筋计算操练

【例 2 - 7】 图 2 - 11 是双柱普通独立基础施工图，要求计算此基础的钢筋工程量。

解 基础底面钢筋保护层厚度为 40mm，顶面钢筋保护层厚度为 30mm。

1. 计算基础底面钢筋

（1）计算 X 向钢筋（Φ 12@ 200）。

由于 X 向从柱中心到基础底板边缘的距离为 1.750m＞1.250m，所以要采用"独立基础底板配筋长度减短 10％构造"。

X 向外侧钢筋长度＝5.26－2× 0.04＝5.18（m）

X 向其余钢筋长度＝5.26×0.9＝ 4.734（m）

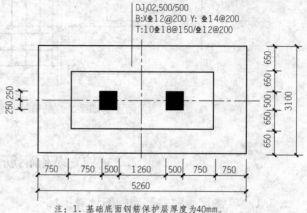

DJ$_j$02,500/500
B:XΦ12@200 Y: Φ14@200
T:10Φ18@150/Φ12@200

注：1. 基础底面钢筋保护层厚度为40mm。
    2. 基础顶面钢筋保护层厚度为30mm。
    3. 基础混凝土强度等级为C30。
    4. 独立基础底板长度≥2500时，要采用钢筋长度减短10%构造。

图 2 - 11 双柱独立基础平法施工图

根数 n＝[另向基板长－2×min (0.075，s/2)]/s+1

＝[3.1－2×min (0.075，0.2/2)]/0.2+1＝15.75

对钢筋根数而言，其值只入不舍，取整数 16 根。

其中外侧 2 根钢筋不缩减，其余 14 根钢筋缩减 10％。

故 X 向钢筋总长：5.18×2＋4.73×14＝76.58（m）

（2）计算 Y 向钢筋（Φ 14@200）。

由于 Y 向底板边长 3.1m＞2.5m，所以要采用"独立基础底板配筋长度减短 10％构造"。

Y 向外侧钢筋长度＝3.1－2×0.04＝3.02（m）

Y 向其余钢筋长度＝3.1×0.9＝2.79（m）

根数 n＝[5.26－2×min (0.075，0.2/2)]/0.2+1＝26.55，取整数 27 根。

其中外侧 2 根钢筋不缩减，其余 25 根钢筋缩减 10％。

故 Y 向钢筋总长：3.02×2＋2.79×25＝75.79（m）

2. 计算基础顶面钢筋

基础混凝土强度等级为 C30，HRB400 级钢筋，查表取受拉钢筋锚固长度 l_a＝35d。

（1）计算 X 向钢筋（10 Φ 18@150）。

X 向钢筋是受力钢筋，长度为双柱间净距再加两端伸入柱的锚固长度。

X 向钢筋长度＝1.26＋2×l_a＝1.26＋2×35×0.018＝2.52（m）

根数 n＝10 根

故 X 向钢筋总长：2.52×10＝25.20（m）

（2）计算 Y 向钢筋（Φ 12@200）。

Y 向钢筋是分布筋，其长度为 X 向钢筋的宽度，再每边多出 50mm（考虑现场绑扎钢筋方便）。分布筋的根数，可参考基础底面钢筋构造，第一根钢筋距外边缘取 min（75，$s/2$），在 X 向钢筋长度范围内排布。

Y 向钢筋长度＝$(10-1) \times 0.15 + 2 \times 0.05 = 1.45$（m）

根数 $n = [2.52 - 2 \times \min(0.075, 0.2/2)]/0.2 + 1 = 12.85$，取 13 根。

故 Y 向钢筋总长：$1.45 \times 13 = 18.85$（m）

双柱普通独立基础 DJ_J02 钢筋工程量汇总见表 2-2。

表 2-2 　　　　　　　　　　**DJ_J02 钢筋工程量汇总表**

钢筋名称	钢筋规格	总长（m）	
底面 X 向钢筋	Φ 12	76.580	合计长度： Φ 18：25.200m；Φ 14：75.790m；Φ 12：95.430m 合计质量： Φ 18：50.350kg；Φ 14：91.554kg；Φ 12：84.742kg
底面 Y 向钢筋	Φ 14	75.790	
顶面 X 向钢筋	Φ 18	25.200	
顶面 Y 向钢筋	Φ 12	18.850	

注 质量＝长度×钢筋单位理论质量。

2.4　筏形基础平法设计规则

筏形基础一般用于高层建筑框架结构或剪力墙结构，可分为梁板式筏形基础和平板式筏形基础，这里只介绍梁板式筏形基础，平板式筏形基础见 22G101-3 图集的相关内容。

2.4.1　梁板式筏形基础构件的类型与编号

梁板式筏形基础平法施工图，是在基础平面布置图上采用平面注写方式进行表达。梁板式筏形基础包括基础主梁、基础次梁和基础平板等构件，按照表 2-3 规定进行编号。

表 2-3 　　　　　　　　　　**梁板式筏形基础构件编号**

构件类型	代号	序号	跨数及有无外伸
基础主梁（柱下）	JL	××	（××）或（××A）或（××B）
基础次梁	JCL	××	（××）或（××A）或（××B）
梁板式基础平板	LPB	××	

注 （××A）为一端有外伸，（××B）为两端有外伸，外伸不计入跨数。

2.4.2　基础主梁与基础次梁的平面注写方式

与框架梁的平法标注类似，基础主梁 JL 与基础次梁 JCL 的平法标注也分集中标注和原位标注。

1. 基础主梁和基础次梁的集中标注

集中标注包括：基础梁编号、截面尺寸、配筋三项必注内容，以及基础梁底面标高高差（相对于筏形基础平板底面标高）一项选注内容。

（1）注写基础梁编号，见表 2-3。

（2）注写基础梁截面尺寸。矩形梁截面尺寸标注 $b \times h$（其中 b 为梁宽，h 为梁高）。

（3）注写基础梁配筋。

1）注写基础梁箍筋。

当采用一种箍筋间距时，注写钢筋级别、直径、间距与肢数（写在括号内）。

当采用两种箍筋时，用"/"分隔不同箍筋，按照从基础梁两端向跨中的顺序注写。先注写第1段箍筋（在前面加注箍数），在斜线后再注写第2段箍筋（不再加注箍数）。

施工时应注意：两向基础主梁相交的柱下区域，应有一向截面较高的基础主梁按梁端箍筋贯通设置；当两向基础主梁高度相同时，任选一向基础主梁箍筋贯通设置。

2）注写基础梁的底部、顶部及侧面纵向钢筋。

以B打头先注写梁底部贯通纵筋（不应少于底部受力钢筋总截面面积的1/3）。当跨中所注根数少于箍筋肢数时，需要在跨中加设架立筋以固定箍筋，注写时用加号"＋"将贯通纵筋与架立筋相连，架立筋注写在加号后面的括号内。

以T打头注写梁顶部贯通纵筋。注写时用分号"；"将底部与顶部纵筋分隔开来，如个别跨与其不同，则在该跨进行原位标注。

【例2-8】 "B：4Φ32；T：7Φ32"表示梁的底部配置4Φ32贯通纵筋，梁顶部配置7Φ32的贯通纵筋。

3）当梁底部或顶部贯通纵筋多于一排时，用斜线"/"将各排纵筋自上而下分开。

【例2-9】 梁底部贯通纵筋注写为"B：8Φ28 3/5"，表示上一排纵筋为3Φ28，下一排纵筋为5Φ28。

4）注写基础梁侧面纵向钢筋。

当梁腹板高度$h_w \geqslant 450$mm时，梁两个侧面设置构造纵筋，以G打头注写总配筋值，且对称配置，其搭接与锚固长度可取15d。

【例2-10】 "G8Φ16"，表示梁的两个侧面共配置8Φ16的纵向构造钢筋，每侧各配置4Φ16。

当需要配置受扭纵筋时，梁两个侧面设置受扭纵筋以N打头，其搭接长度为l_t，锚固长度为l_a，其锚固方式同基础梁上部纵筋。

【例2-11】 "N8Φ16"，表示梁的两个侧面共配置8Φ16的纵向受扭纵筋，沿截面周边均匀对称设置。

（4）注写基础梁底面标高高差。

基础梁底面标高高差是指相对于筏形基础平板底面标高的高差值。该项为选注值，有高差时须将高差写入括号内，无高差时不注。

2．基础主梁和基础次梁的原位标注

（1）注写基础梁纵筋。注写梁端（支座）区域的底部全部纵筋包括已经集中标注过的贯通纵筋在内的所有纵筋。

1）梁端（支座）区域的底部纵筋多于一排时，用斜线"/"将各排纵筋自上而下分开。

【例2-12】 梁端（支座）区域底部纵筋注写为"10Φ25 4/6"，则表示上一排纵筋为4Φ25，下一排纵筋为6Φ25。

2）当同排纵筋有两种直径时，用加号"＋"将两种直径的纵筋相连。

【例2-13】 梁端（支座）区域底部纵筋注写为"4Φ28＋2Φ25"，表示一排纵筋由两种不同直径钢筋（28mm和25mm）组合。

　　3）当梁中间支座两边的底部纵筋配置不同时，须在支座两边分别标注；当梁中间支座两边的底部纵筋相同时，可仅在支座的一边标注配筋值。

　　（2）注写基础梁附加箍筋或（反扣）吊筋。将其直接画在平面图中的主梁上，用线引注总配筋值（附加箍筋的肢数注写在括号内），当多数附加箍筋或（反扣）吊筋相同时，可在基础梁平法施工图上统一注明，少数与统一注明值不同时，再原位引注。

　　当集中标注和原位标注不同时，原位标注取值优先。

2.4.3　梁板式筏形基础平板的平面注写方式

　　梁板式筏形基础平板 LPB 的平面注写，分板底部与板顶部贯通纵筋的集中标注与板底部附加非贯通纵筋的原位标注两部分内容。当仅设置贯通纵筋而未设置附加非贯通纵筋时，则仅做集中标注。

　　（1）梁板式筏形基础平板 LPB 贯通纵筋的集中标注，应在所表达的板区双向均为第一跨（X 与 Y 双向首跨）的板上引出（图面从左到右为 X 向，从下至上为 Y 向）。

　　集中注写的内容：

　　1）基础平板编号，见表 2 - 3。

　　2）基础平板板厚，用 $h = \times\times\times$ 表示。

　　3）基础平板底部与顶部贯通纵筋及其跨数及外伸情况。先注写 X 向底部（B 打头）贯通纵筋与顶部（T 打头）贯通纵筋及其跨数及外伸情况，再注写 Y 向底部（B 打头）贯通纵筋与顶部（T 打头）贯通纵筋及其跨数及外伸情况。

　　贯通纵筋的跨数及外伸情况注写在括号中，注写方式为"跨数及有无外伸"，其表达方式为：（$\times\times$）（无外伸）、（$\times\times$A）（一端有外伸）或（$\times\times$B）（两端有外伸）。

　　（2）梁板式筏形基础平板 LPB 的原位标注，主要表达板底部附加非贯通纵筋。

　　1）原位注写位置及内容。板底部原位标注的附加非贯通纵筋，应在配置相同跨的第一跨表示（当在基础梁悬挑部位单独配置时则在原位表示）。在配置相同跨的第一跨（或基础梁外伸部位），垂直于基础梁绘制一段中粗虚线（当该筋通长设置在外伸部位或短跨板下部时，应画至对边或贯通短跨），在虚线上注写编号（如①、②等）、配筋值、横向布置的跨数及是否布置到外伸部位。

　　2）（$\times\times$）为横向布置的跨数，（$\times\times$A）为横向布置的跨数及一端基础梁的外伸部位，（$\times\times$B）为横向布置的跨数及两端基础梁的外伸部位。

　　板底部附加非贯通纵筋向两边跨内的伸出长度值注写在线段的下方位置。当该筋向两侧对称伸出时，可仅在一侧标注，另一侧不注；当布置在边梁下方时，向基础平板外伸部位一侧的伸出长度与方式按标准构造，设计不注。底部附加非贯通筋相同者，可仅注写一处，其他只注写编号。

　　3）横向连续布置的跨数及是否布置到外伸部位，不受集中标注贯通纵筋的板区限制。

2.5　筏形基础钢筋构造

2.5.1　基础梁 JL 钢筋构造

1. 基础梁纵筋与箍筋构造要点（见图 2 - 12）

　　（1）顶部贯通纵筋连接区为支座两边 $l_n/4$ 再加柱宽范围，即（$2 \times l_n/4 + h_c$）；底部贯通纵筋连接区为本跨跨中的 $l_{ni}/3$ 范围；底部非贯通筋向跨内延伸长度为 $l_n/3$，其中 l_n 为左右

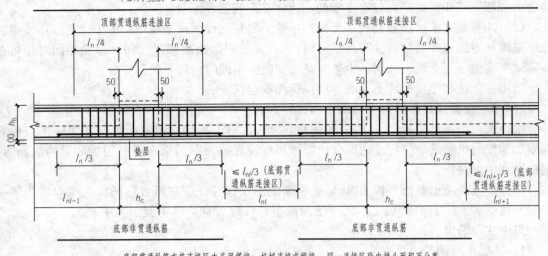

图 2-12　基础梁 JL 纵向钢筋与箍筋构造

相邻跨净长的较大值。

（2）当两毗邻跨的底部贯通纵筋配置不同时，应将配置较大一跨的底部贯通纵筋越过其标注的跨数终点或起点，伸至配置较小的毗邻跨的跨中连接区进行连接。

（3）节点区内箍筋按梁端箍筋设置，梁相互交叉范围内的箍筋按截面高度较大的基础梁设置。同跨箍筋有两种时，按设计要求设置。

（4）当设计未注明时，基础梁外伸部位按梁端第一种箍筋设置。

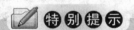**特别提示**

　　基础梁底部贯通纵筋连接区为本跨跨中的 $l_{ni}/3$ 范围，底部非贯通筋向跨内延伸长度为 $l_n/3$，其中 l_n 为左右相邻跨净长的较大值。

　　2. 基础梁端部与外伸部位钢筋构造

（1）端部等截面外伸构造见图 2-13（a）。基础梁上部或下部钢筋满足直锚时应伸至端部后弯折 $12d$，且 $\geq l_a$；当从柱内边算起的梁端部外伸长度不满足直锚时，基础梁下部钢筋应伸至端部后弯折 $15d$，且从柱内边算起水平段长度 $\geq 0.6l_{ab}$。

（2）端部变截面外伸构造见图 2-13（b）。基础梁根部高度为 h_1，端部高度为 h_2，基础梁上部或下部钢筋满足直锚时应伸至端部后弯折 $12d$；当从柱内边算起的梁端部外伸长度不满足直锚时，基础梁下部钢筋应伸至端部后弯折 $15d$，且从柱内边算起水平段长度 $\geq 0.6l_{ab}$。

（3）端部无外伸构造见图 2-13（c）。基础梁顶部钢筋伸至尽端钢筋内侧后弯折 $15d$，当水平段长度 $\geq l_a$ 时可不弯折；基础梁底部钢筋伸至尽端钢筋内侧后弯折 $15d$，且满足水平段长度 $\geq 0.6l_{ab}$。

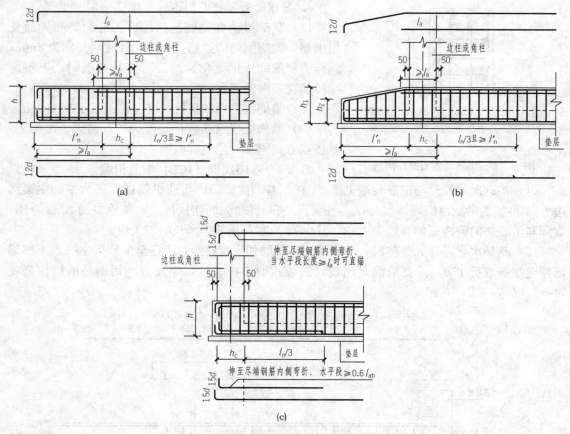

图 2-13　基础梁 JL 端部与外伸部位钢筋构造
(a) 端部等截面外伸构造；(b) 端部变截面外伸构造；(c) 端部无外伸构造

3. 基础梁附加钢筋构造

基础梁附加钢筋包括附加箍筋和附加（反扣）吊筋，附加箍筋构造见图 2-14（a），附加（反扣）吊筋见图 2-14（b）。

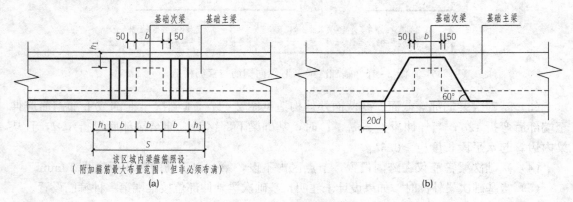

图 2-14　附加钢筋构造
(a) 附加箍筋；(b) 附加（反扣）吊筋

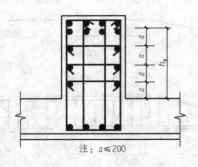

注：$a \leqslant 200$

图 2-15　基础梁侧面钢筋构造

4．基础梁侧面钢筋构造（见图 2-15）

（1）基础梁侧面钢筋包括侧面构造钢筋和侧面受扭钢筋。梁侧钢筋的拉筋直径除设计注明外均为 8mm，间距为箍筋间距的 2 倍。当设有多排拉筋时，上下两排拉筋在竖向错开布置。

（2）梁侧构造纵筋搭接长度与锚固长度均为 $15d$。

（3）梁侧受扭纵筋搭接长度为 l_l，锚固长度为 l_a，其锚固方式同基础梁上部纵筋。

2.5.2　基础次梁（JCL）钢筋构造

（1）基础次梁纵筋与箍筋构造见图 2-16，基础次梁顶部贯通纵筋连接区为基础主梁两边 $l_n/4$ 再加主梁宽范围，即（$2 \times l_n/4 + b_b$）；底部贯通纵筋连接区为本跨跨中的 $l_{ni}/3$ 范围；底部非贯通筋向跨内延伸长度为 $l_n/3$，其中 l_n 为左右相邻跨净长的较大值。

（2）基础次梁端部无外伸时，基础梁上部钢筋伸入支座 $\geqslant 12d$ 且至少到梁中线；下部钢筋伸至端部弯折 $15d$，并要求满足当设计按铰接时 $\geqslant 0.35l_{ab}$，当充分利用钢筋的抗拉强度时 $\geqslant 0.6l_{ab}$，见图 2-16。

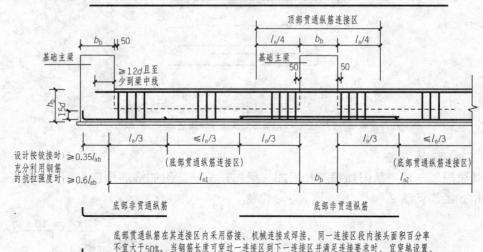

图 2-16　基础次梁 JCL 纵向钢筋与箍筋构造

（3）基础次梁端部等截面、变截面外伸构造见图 2-17。基础次梁上部或下部钢筋应伸至端部后弯折 $12d$；当外伸段 $l_n' + b_b \leqslant l_a$ 时，基础梁下部钢筋应伸至端部后弯折 $15d$，且从梁内边算起水平段长度应 $\geqslant 0.6l_{ab}$。

（4）基础次梁箍筋仅在跨内设置，节点区内不设，第一根箍筋的起步距离为 50mm。

（5）当基础次梁外伸时，如果设计未注明，基础次梁外伸部位按梁端第一种箍筋设置。

2.5.3　梁板式筏形基础平板钢筋构造

梁板式筏形基础平板 LPB 钢筋构造分柱下区域和跨中区域。基础平板同一层面的交叉

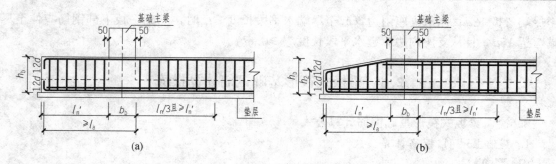

图 2-17 基础次梁 JCL 端部外伸部位钢筋构造

纵筋，何向纵筋在下，何向纵筋在上，应按具体设计说明。

(1) 梁板式筏形基础平板 LPB 钢筋构造（柱下区域），见图 2-18，要点为：

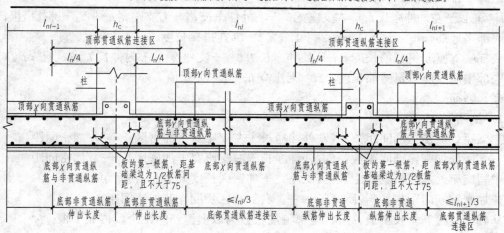

图 2-18 梁板式筏形基础平板 LPB 钢筋构造（柱下区域）

1) 顶部贯通纵筋连接区为柱两边 $l_n/4$ 再加柱宽范围，即（$2 \times l_n/4 + h_c$），其中 l_n 为左右相邻跨净长的较大值；底部非贯通筋向跨内伸出长度见设计标注；底部贯通纵筋连接区为本跨跨中的 $l_{ni}/3$ 范围。

2) 基础平板上部和下部钢筋的起步距离均为距基础梁边 1/2 板筋间距且不大于 75mm，即 min(1/2 间距，75mm)。

(2) 梁板式筏形基础平板 LPB 钢筋构造（跨中区域）与梁板式筏形基础平板 LPB 钢筋构造（柱下区域）基本相同，区别是顶部贯通纵筋连接区为基础梁两边 $l_n/4$ 再加梁宽范围，即（$2 \times l_n/4 + b_b$）。

(3) 梁板式筏形基础平板端部构造，见图 2-19。基础平板上部和下部钢筋伸

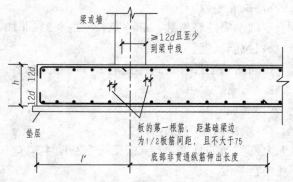

图 2-19 梁板式筏形基础平板端部构造

至尽端弯折 $12d$；当从支座内边算起至尽端水平段长度$\leqslant l_a$ 时，基础平板下部钢筋应伸至尽端弯折 $15d$，且从支座内边算起水平段长度应$\geqslant 0.6 l_{ab}$。

2.6　梁板式筏形基础钢筋计算操练

2.6.1　梁板式筏形基础钢筋计算公式

1. 基础主梁 JL 钢筋计算公式

（1）纵筋。

1）端部两端均无外伸时：

上、下部贯通筋长度：$L=$ 总长$-2c+15d\times2+$绑扎搭接长度

2）端部两端均外伸时：

顶部上排贯通筋长度：$L=$ 总长$-2c+12d\times2+$绑扎搭接长度

顶部下排贯通筋长度：

$L=$ 总长$-$左外伸净长 l'_n-左支座宽 h_c-右外伸净长 l'_n-右支座宽 h_c+2l_a+绑扎搭接长度

底部贯通筋长度：$L=$ 总长$-2c+12d\times2+$绑扎搭接长度

底部端支座非贯通筋长度：$L=$ 外伸净长 l'_n-c+支座宽 h_c+内伸长 $l_n/3$（且$\geqslant l'_n$）

底部中间支座非贯通筋长度：$L=$ 支座宽 $h_c+2\times$伸长值 $l_n/3$

（2）箍筋。

1）箍筋根数。

左支座处加密箍筋间距数：（左外伸净长$+$左支座宽$+$加密区长$-c$）/加密间距

右支座处加密箍筋间距数：（右外伸净长$+$右支座宽$+$加密区长$-c$）/加密间距

中间支座处加密箍筋间距数：（支座宽$+$加密区长度$\times2$）/加密间距

非加密箍筋间距数：（各跨净长$-$左、右加密区长度）/非加密间距

基础主梁箍筋全长贯通，所以全部箍筋根数为以上箍筋间距个数再加 1 根。

2）箍筋长度。

基础主梁内一般配有两肢箍、四肢箍或六肢箍，箍筋长度计算公式详见项目 3 和项目 5 中相关内容。

（3）拉筋。

当梁内设有侧面构造钢筋或侧面受扭钢筋时，同时要设拉筋，拉筋计算包括拉筋根数和长度。

1）拉筋根数。

基础主梁拉筋根数：$n=$（总长$-2c$）/2$\times$非加密间距$+1$

2）拉筋长度。

拉筋的长度计算公式详见项目 5 中相关内容。

2. 基础次梁 JCL 钢筋计算公式

（1）纵筋。

1）端部两端均无外伸时：

上部贯通筋长度：$L=$ 总长$-$左基础主梁宽$-$右基础主梁宽$+2\times\max$（$12d$，$b_b/2$）$+$绑扎搭接长度

下部贯通筋长度：$L=$ 总长$-2c+15d\times2+$绑扎搭接长度

2）端部两端均外伸时：

顶部贯通筋长度：$L=$总长$-2c+12d\times2+$绑扎搭接长度

底部贯通筋长度：$L=$总长$-2c+12d\times2+$绑扎搭接长度

底部端支座非贯通筋长度：$L=$外伸净长 l'_n-c+支座宽 b_b+内伸长 $l_n/3$（且$\geqslant l'_n$）

底部中间支座非贯通筋长度：$L=$支座宽 $b_b+2\times$伸长值 $l_n/3$

（2）箍筋。

基础次梁的箍筋根数按跨计算，每跨箍筋根数为该跨箍筋间距个数再加 1 根。

基础次梁箍筋长度计算同基础主梁。

（3）拉筋。

当梁内设有侧面构造钢筋或侧面受扭钢筋时，同时要设拉筋，拉筋计算包括拉筋根数和长度。

基础次梁每跨拉筋根数：$n=($跨净长$-2\times50)/2\times$非加密间距$+1$

基础次梁拉筋长度计算同基础主梁。

**特别提示**

> 1. 基础主梁箍筋全长贯通，全部箍筋根数为全部箍筋间距个数再加 1 根；
>
> 2. 基础次梁的箍筋根数按跨计算，每跨箍筋根数为该跨箍筋间距个数再加 1 根。

3. 梁板式筏形基础平板 LPB 钢筋计算公式

上部钢筋$=$总长$-2c+12d\times2+$绑扎搭接长度

下部钢筋$=$总长$-2c+12d\times2+$绑扎搭接长度

根数 $=$［净跨长$-\min($板间距 $/2,75mm)\times2$］$/$ 间距$+1$

2.6.2　梁板式筏形基础梁钢筋计算操练

【例 2-14】　如图 2-20 所示梁板式筏形基础梁平法施工图，混凝土强度等级为 C30，基础梁下部钢筋保护层厚度为 40mm，上部和侧面钢筋保护层厚度为 35mm，钢筋定长 9.0m，采用焊接连接，要求计算梁板式筏形基础梁 JL1 和 JCL1（单根）的钢筋工程量。

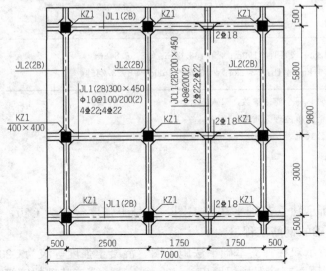

图 2-20　梁板式筏形基础梁平法施工图

解　查表 1-4，$l_{ab}=35d$，计算过程见表 2-4。

表 2-4 　　　　　　　　　　　**JL1、JCL1 钢筋计算表**

钢筋名称	钢筋规格	计　算　式	根数	总长(m)
JL1 上部筋	Φ 22	$L=0.5+2.5+3.5+0.5-0.035\times2+12\times0.022\times2=7.458$(m)	4	29.832
JL1 下部筋	Φ 22	因 $l'_n+h_c=500+200=700$，$l_a=35\times22=770$，$l'_n+h_c<l_a$，不满足直锚 故 $L=0.5+2.5+3.5+0.5-0.04\times2+15\times0.022\times2=7.580$(m)	4	30.320
JL1 箍筋	Φ 10	长度：$L=2\times(0.3+0.45)-8\times0.035+25.8\times0.01=1.478$(m) 箍筋加密区范围：$1.5h_b=1.5\times0.45=0.675$(m) 左支座：$n_1=(0.5+0.2+0.675-0.35)/0.1=14$(根) 中间支座：$n_2=(0.675+0.4+0.675)/0.1=18$(根) 右支座：$n_3=14$(根) 第一跨非加密：$n_4=(2.5-0.4-0.675\times2)/0.2=4$(根) 第二跨非加密：$n_5=(3.5-0.4-0.675\times2)/0.2=9$(根) $n=14+4+18+9+14+1=60$ 注：整个基础梁箍筋个数再加 1 根	$14+4$ $+18+9$ $+14+1$ $=60$	88.68
JL1 吊筋	Φ 18	$L=2\times20\times0.018+2\times(0.45-2\times0.035)\times1.414+(0.2+2\times$ $0.05)=2.095$(m)	2	4.190
JCL1 上部筋	Φ 22	$L=0.5+3+5.8+0.5-0.035\times2+12\times0.022\times2=10.258$(m)	2	20.516
JCL1 下部筋	Φ 22	因 $l'_n+h_c=500+150=650$，$l_a=35\times22=770$，$l'_n+h_c<l_a$，不满足直锚 故 $L=0.5+3+5.8+0.5-0.04\times2+15\times0.022\times2=10.380$(m)	2	20.760
JCL1 箍筋	Φ 8	长度：$L=2\times(0.2+0.45)-8\times0.035+25.8\times0.008=1.226$(m) 左端：$n_1=(0.5-0.15-0.035-0.05)/0.2+1=3$(根) 第一跨：$n_2=(3-0.3-0.05\times2)/0.2+1=14$(根) 第二跨：$n_3=(5.8-0.3-0.05\times2)/0.2+1=28$(根) 右端：$n_4=3$(根)	48	58.848

合计长度：Φ 22:101.428m；Φ 18:4.190m；Φ 10:88.68m；Φ 8:58.848m

合计质量：Φ 22:302.661kg；Φ 18:8.372kg；Φ 10:54.716kg；Φ 8:23.245kg

注　1. 计算钢筋根数时，每个商取整数，只入不舍。

　　2. 质量＝长度×钢筋单位理论质量。

　　3. 箍筋长度计算公式见表 5-17。

实　操　题

1. 如图 2-21 所示独立基础平法施工图，混凝土强度等级为 C20，基础保护层厚度为 40mm，试计算该基础的钢筋工程量。

2. 如图 2-22 所示双柱独立基础平法施工图，混凝土强度等级为 C20，基础底面钢筋保护层厚度为 40mm，顶面钢筋保护层厚度为 30mm，试计算该基础的钢筋工程量。

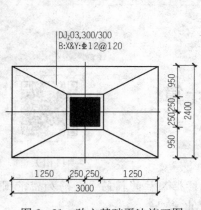

图 2-21　独立基础平法施工图

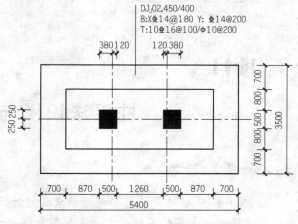

图 2-22　双柱独立基础平法施工图

3. 如图 2-23 所示梁板式筏形基础梁 JL2 平法施工图，混凝土强度等级为 C25，基础梁钢筋保护层厚度分别为：下部 40mm，上部和侧面 35mm，钢筋采用机械连接，试计算该梁的钢筋工程量。

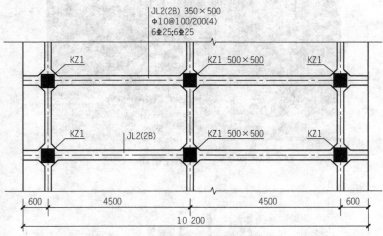

图 2-23　基础梁 JL2 平法施工图

4. 如图 2-24 所示梁板式筏形基础次梁 JCL2 平法施工图，混凝土强度等级为 C25，基础梁钢筋保护层厚度分别为：下部 40mm，上部和侧面 35mm，钢筋采用机械连接，试计算该梁的钢筋工程量。

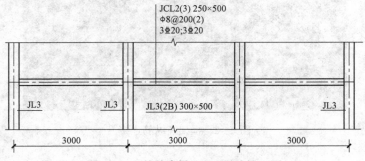

图 2-24　基础次梁 JCL2 平法施工图

项目 3

柱平法识图与钢筋计算

本项目相关资源

看一看、想一想

图 3-1 和图 3-2 是抗震框架柱的实物照片，请仔细观察框架柱的箍筋、箍筋加密范围和非加密范围、纵筋的连接方式，其范围和连接方式你能说出来吗？

图 3-1　框架柱钢筋

图 3-2　框架柱纵筋连接

3.1　柱的平法设计规则

3.1.1　柱及柱钢筋分类

柱是房屋结构中重要的竖向构件,它支撑梁的同时又将荷载向下传递。柱由于位置不同,所起的作用不同,配筋构造也不同。柱及柱内钢筋的分类见图 3-3,框架柱的钢筋构造分类见表 3-1,框架柱的钢筋骨架分类见表 3-2。

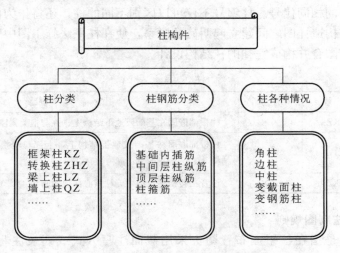

图 3-3　柱、柱钢筋、柱各种情况分类

表 3-1　　　　　　　　　　　　　　　　框架柱的钢筋构造分类

一级构造名称	二级构造名称	三级构造名称
框架柱钢筋构造	柱基础插筋构造	柱插筋在基础中的锚固构造
	柱身钢筋构造	柱纵向钢筋连接构造
		柱箍筋构造
	柱节点钢筋构造	柱变截面节点构造
		柱变钢筋节点构造
		顶层框架柱一侧有梁时节点构造
		顶层框架柱二侧有梁时节点构造

表 3-2　　　　　　　　　　　　　　　　框架柱的钢筋骨架分类

钢筋名称	钢筋位置	钢筋详称	钢筋名称	钢筋位置	钢筋详称
纵筋	基础层	柱插筋	箍筋	基础层	插筋范围箍筋
	中间层	柱身纵筋		柱的上下端	加密区箍筋
	顶层	柱顶层纵筋		柱的中间范围	非加密区箍筋

3.1.2　柱平面布置图

设计柱平法施工图的第一步是绘制柱平面布置图。柱平面布置图的主要功能是表达竖向构件。当主体结构为框架—剪力墙结构时，柱平面布置图通常与剪力墙平面布置图合并绘制。设计者可以采用截面注写方式或列表注写方式，在柱平面布置图上表达柱的设计信息，所有柱的设计内容可在一张图纸上全部表达清楚。

3.1.3　柱编号规定

在柱平法施工图中，各种柱均应按照表3-3的规定编号，同时，对相应的标准构造详图也应标注编号中的相同代号。柱编号不仅可以区别不同的柱，还将作为信息纽带在柱平法施工图与相应标准构造详图之间建立起明确的联系，使在柱平法施工图中表达的设计内容与相应的标准构造详图合并构成完整的柱结构设计。

表3-3　　　　　　　　　　　　　　柱　编　号

柱类型	代号	序号	特　征
框架柱	KZ	××	柱根部嵌固在基础或地下结构上，并与框架梁刚性连接构成框架结构
转换柱	ZHZ	××	柱根部嵌固在基础或地下结构上，上部与转换梁刚性连接构成转换结构
芯柱	XZ	××	设置在转换柱、剪力墙柱核心部位的暗柱

3.1.4　柱平法制图规则

柱平法施工图是指在柱平面布置图上采用截面注写方式或列表注写方式表达的柱施工图。

1. 柱截面注写方式

柱平法施工图采用截面注写方式，需要在相同编号的柱中选择一根，将其在原位放大绘制"截面配筋图"，并在其上直接引注几何尺寸和配筋，对于其他相同编号的柱仅需标注编号和偏心尺寸。截面配筋图在原位需适当放大倍数，以满足视图需要。

当采用截面注写方式时，在柱截面配筋图上直接引注的内容有：①柱编号；②柱高（分段起止高度）；③截面尺寸；④纵向钢筋；⑤箍筋。例图见图3-4。

因柱高通常与柱标准层竖向各层的总高度相同，所以柱高的注写属于选注内容，即当柱高与该页施工图所表达的柱标准层的竖向总高度不同时才注写，否则不注。

直接引注的一般设计内容解释如下：

（1）注写柱编号：柱编号由柱类型代号和序号组成，见表3-3。例如KZ3，LZ1等。

（2）注写柱高（此项为选注值）：当需要注写时，可以注写为该段柱的起止层数，也可以注写为该段柱的起止标高。当按起止层数注写时，施工人员对照图中的"结构层楼面标高与层高表"，即可查出该段柱的下端和上端标高和每层的柱高；当按起止标高注写时，即可查出该段柱的起止层数和每层的层高。

（3）注写截面尺寸：矩形截面注写为$b \times h$。"平法"规定：截面的横边为b边（与X向平行），竖边为h边（与Y向平行），并应在截面配筋图上标注b及h，以给施工明确指示（当柱未正放时，标注b及h尤其必要）。例如：650×600，表示柱截面的横边为650，竖边为600。当为圆形截面时，以D打头注写圆柱截面直径，例如：$D = 600$。当为异形柱截面时，需在截面外围注写各个部分的尺寸。

层号	标高（m）	层高（m）
屋面	29.970	
8	26.670	3.30
7	23.070	3.60
6	19.470	3.60
5	15.870	3.60
4	12.270	3.60
3	8.670	3.60
2	4.470	4.20
1	−0.030	4.50

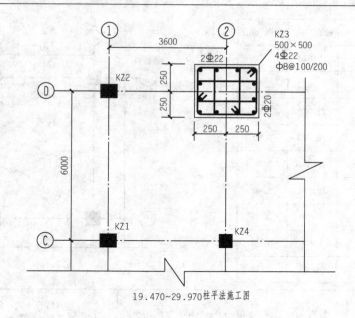

19.470~29.970柱平法施工图

图 3 - 4　柱平法施工图示例（截面注写方式）

当采用截面注写方式同时表达多个柱标准层的设计信息时，除纵筋直径改变但根数不变的情况外，原位绘制的柱截面配筋图不能同时代表不同标准层的柱配筋截面，此时应自下而上将不同标准层的配筋截面就近绘制，并分别引注设计内容。

（4）注写纵向钢筋：当纵筋为同一直径时，无论矩形截面还是圆形截面均注写全部纵筋。当矩形截面的角筋与中部筋直径不同时，按"角筋/b 边一侧中部筋/h 边一侧中部筋"的形式注写，例如，4⊕25/5⊕22/5⊕22 表示角筋为 4⊕25，b 边一侧中部筋为 5⊕22，h 边一侧中部筋为 5⊕22；也可在直接引注中仅注写角筋，然后在截面配筋图上原位注写中部筋，见图 3 - 6。当采用对称配筋时，可仅注写一侧中部筋，另一侧不注。

（5）注写箍筋，包括钢筋级别、直径与间距。当圆柱采用螺旋箍时，需在箍筋前加"L"；箍筋的肢数及复合方式在柱截面配筋图上表示。当为抗震设计时，用"/"区分箍筋加密区与非加密区长度范围内箍筋的不同间距，例如：Φ10@100/200，表示箍筋为 HPB300钢筋，直径 10mm，加密区间距为 100mm，非加密区间距为 200mm。当箍筋沿柱全高为一种间距时（如柱全高加密的情况），则不使用"/"。

2. 柱列表注写方式

列表注写方式适用于各种柱结构类型。当采用列表注写方式设计柱平法施工图时，需要在按适当比例绘制的柱平面布置图上增设柱表，在柱表中注写柱的几何元素与配筋元素。单项工程中的柱平法施工图通常仅需要一张图纸，即可将柱平面布置图中所有柱从基础顶面（或基础结构顶面）到柱顶端的设计内容集中表达清楚。图 3 - 5 为采用列表注写方式的柱平法施工图示例。

在柱表中要注写的内容与截面注写方式类同，包括：①柱编号；②柱高（分段起止高度）；③截面几何尺寸（包括柱截面对轴线的偏心情况）；④柱纵向钢筋；⑤柱箍筋。在柱表上部或表中适当部位，还应绘制本设计所采用的柱截面的箍筋类型图。图 3 - 5 的下表为柱表示例。

层号	标高（m）	层高（m）
屋面	29.970	
8	26.670	3.30
7	23.070	3.60
6	19.470	3.60
5	15.870	3.60
4	12.270	3.60
3	8.670	3.60
2	4.470	4.20
1	−0.030	4.50

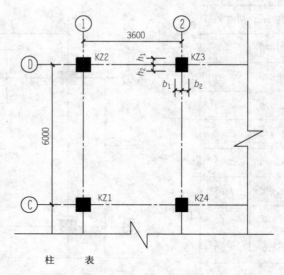

柱　表

柱号	柱高（m）	$b×h$(mm)	b_1/b_2	h_1/h_2	全部纵筋	角筋/b 边一侧中部筋/h 边一侧中部筋	箍筋，箍筋类型
KZ3	−0.030～12.270	700×700	350/350	250/450	20Φ25		Φ10@100/200，1（4×4）
	12.270～19.470	600×600	300/300	250/350		4Φ22/2Φ22/2Φ20	Φ10@100/200，1（4×4）
	19.470～29.970	500×500	250/250	250/250		4Φ22/2Φ22/2Φ20	Φ8@100/200，1（4×4）

图 3-5　柱平法施工图示例（列表注写方式）

此外，在柱平面布置图上，需要分别在同一编号的柱中选择一个（有时需要选择几个）标注几何参数代号 b_1 与 b_2，h_1 与 h_2。在柱平法施工图设计中，为了柱表中的内容与图上的内容准确对应，柱截面 b 边和 h 边的方向必须统一，规定与图面 X 向平行的柱边为 b 边，与图面 Y 向平行的柱边为 h 边。

柱表中注写的一般设计内容，按栏目顺序解释如下：

（1）注写柱编号：见表 3-3。

（2）注写柱高：自柱根部往上以变截面位置或截面未变但配筋改变处为界分段注写，分段柱可以注写为起止层数，也可以注写为起止标高。

（3）注写截面尺寸：矩形截面注写为 $b×h$，规定截面的横边为 b 边（与 X 向平行），竖边为 h 边（与 Y 向平行）；当为圆形截面时，以 D 打头注写圆柱截面直径；当为异形柱截面时，需在适当位置补绘实际配筋截面并原位注写截面尺寸。

（4）注写截面横边和竖边与两向轴线的几何关系 $b_1/b_2(b=b_1+b_2)$ 和 $h_1/h_2(h=h_1+h_2)$：当柱截面向上缩小或平移至截面 b 边或 h 边到轴线的另一侧时，b_1 或 b_2，h_1 或 h_2 为零或为负值，但其代数和仍为 $b=b_1+b_2$，$h=h_1+h_2$。对于圆柱截面，其与轴线的关系也用 b_1/b_2 和 h_1/h_2 表示，且 $D=b_1+b_2=h_1+h_2$。

（5）注写全部纵筋或角筋/b 边一侧中部筋/h 边一侧中部筋：当该段柱纵筋采用同一种直径，且截面各边中部筋根数相同或者各边中部筋根数虽然不同但有补绘的实际配筋截面时，可以直接注写全部纵筋，否则，应分别注写角筋/b 边一侧中部筋/h 边一侧中部筋。框架柱通常采用对称配筋，预算钢筋量时，应注意将 b 边一侧中部筋和 h 边一侧中部筋分别乘以 2。

（6）注写箍筋配筋值和箍筋类型号：当为抗震设计时，用"/"区分箍筋加密区与非加密区长度范围内箍筋的不同间距；当箍筋沿柱全高为一种间距时（如柱全高加密的情况），则不使用"/"线。

当圆柱采用螺旋箍筋时，需在箍筋前加"L"。具体工程所设计的各种箍筋类型图绘制在柱表的上部或表中适当位置，并在其上标注与表中相对应的 b 和 h 及类型号。

框架柱的箍筋分两种情况，一种是只由截面周边的封闭箍（外箍）构成，称非复合箍；另一种是由外箍和若干个小箍组成，称复合箍。框架柱的箍筋按不同的组合又可分为七种类型，矩形截面柱的常见箍筋类型为类型 1（其他箍筋类型详见 22G101-1 相关内容），用 $m \times n$ 表示两向箍筋肢数的多种不同组合，其中 m 为 b 边宽度上的肢数，n 为 h 边宽度上的肢数，见图 3-6。

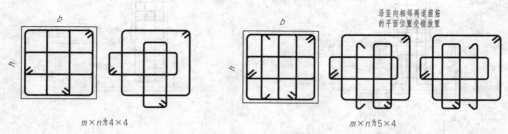

$m \times n$ 为 4×4　　　　　　　　$m \times n$ 为 5×4

图 3-6　柱箍筋肢数标注示例

3.2　柱插筋锚固构造

3.2.1　柱插筋在基础中的锚固构造

钢筋混凝土柱下基础的类型有独立基础、条形基础、十字交叉基础、筏板基础、箱型基础、桩基础等，22G101-3 图集中，柱插筋在基础内的锚固构造没有因基础类型的不同而不同，而是按照柱插筋保护层的厚度、基础高度是否满足直锚给出了四种锚固构造，见图 3-7，其要点为：

（1）柱插筋插至基础底板支在底板钢筋网上再做 90°弯钩，当基础高度满足直锚时，弯钩平直段为 6d 且≥150mm；当基础高度不满足直锚时，弯钩平直段为 15d。

（2）柱插筋锚固区内要设非复合箍筋。当柱插筋保护层厚度>5d 时，设间距≤500mm 且不少于两道非复合箍；当柱外侧插筋保护层厚度≤5d 时，所设的非复合箍筋（横向钢筋）应满足直径≥$d/4$（d 为插筋最大直径），间距≤5d（d 为插筋最小直径）且≤100mm 的要求。

（3）第一道非复合箍筋离基础顶面 100mm。

（4）当柱插筋部分保护层厚度不一致时（如部分位于板中、部分位于梁内），保护层厚度不大于 5d 的部位应设置锚固区横向钢筋。

（5）当柱为轴心受压或小偏心受压，基础高度或基础顶面至中间层钢筋网片顶面距离不小于 1200mm 时，或当柱为大偏心受压，基础高度或基础顶面至中间层钢筋网片顶面距离不小于 1400mm 时，可仅将柱四角插筋插至基础底板钢筋网片上或者筏形基础中间层钢筋

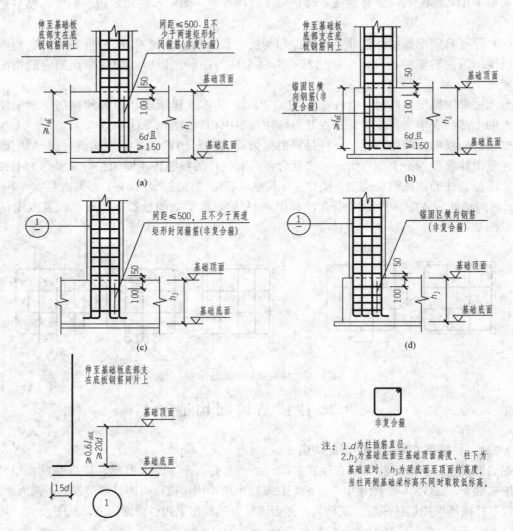

图 3-7 柱插筋在基础内的锚固构造

（a）保护层厚度＞5d，基础高度满足直锚；（b）保护层厚度≤5d，基础高度满足直锚；

（c）保护层厚度＞5d，基础高度不满足直锚；（d）保护层厚度≤5d，基础高度不满足直锚

网片上（插至底板钢筋网片上的柱插筋间距不应大于 1000mm），其他柱插筋满足锚固长度 l_{aE} 即可，见图 3-8。

3.2.2 梁上起柱 KZ 纵筋构造

梁上起柱是指一般框架梁上的少量起柱（例如承托层间梯梁的柱，见图3-9），其构造不适用于结构转换层上的转换大梁起柱。

承托柱的框架梁，可类比作柱的架空高位基础。梁上起柱，应尽可能设计成梁宽度大于柱宽度。当柱宽度大于梁宽度时，为使柱在框架梁上锚固可靠，应在梁上加侧腋以提高锚固的可靠度。设计时应注意，梁上起柱与承托柱的梁不应设计为等宽度，否则，当柱插筋与框架梁纵筋相顶时，不能实现直通锚固。

梁上起柱 KZ 纵筋构造要点如下：

（1）梁宽度大于柱宽度时的梁上起柱插筋锚固构造。

当梁宽度大于柱宽度时，梁上起柱插筋应插至框架梁底部配筋位置，直锚深度应 $\geqslant 0.6l_{abE}$ 且 $\geqslant 20d$，插筋端部做 90°弯钩，弯钩直段长度取 15 倍柱插筋直径，见图 3 -10。

（2）梁宽度小于柱宽度时的梁上起柱插筋锚固构造。

当梁宽度小于柱宽度时，应在梁上起柱节点处设置梁包柱侧腋。柱插筋应插至梁底部配筋位置，直锚深度应 $\geqslant 0.6l_{abE}$ 且 $\geqslant 20d$，插筋端部做 90°弯钩，弯钩直段长度取 15 倍柱插筋直径。

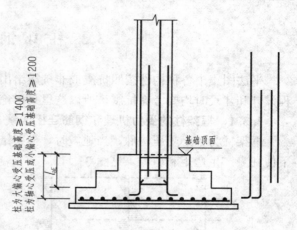

图 3 - 8   基础内仅柱四角插筋弯钩构造

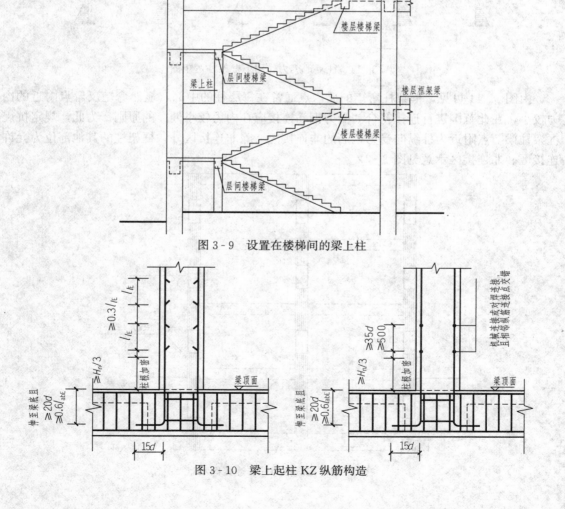

图 3 - 9   设置在楼梯间的梁上柱

图 3 - 10   梁上起柱 KZ 纵筋构造

3.3 柱身钢筋构造

平法图集中各种构件按照抗震或非抗震给出了构造详图，我国绝大多数的城市在建筑工程设计和建设时均要考虑抗震，所以这里只讨论抗震框架柱情况。

3.3.1 框架柱的受力机理和钢筋连接要素

框架柱为偏心受压构件，当地震时，框架结构要承受往复水平地震力作用。地震力作用下使柱身产生弯矩和剪力，见图 3-11。

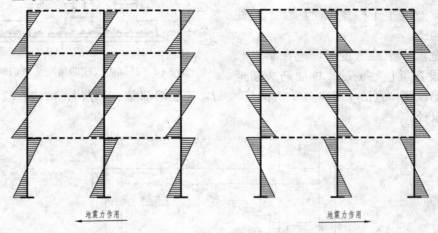

图 3-11 往复地震力作用下框架柱弯矩图

由图 3-11 可见，框架柱弯矩的反弯点通常在每层柱的中部，显然弯矩反弯点附近的内力较小，在此范围进行连接符合"受力钢筋连接应在内力较小处"的原则，为此，规定抗震框架柱梁节点附近为柱纵向受力钢筋的非连接区。除非连接区外，框架柱的其他部位为允许连接区。非连接区示意见图 3-12。

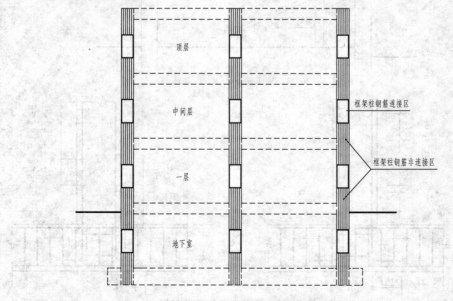

图 3-12 抗震框架柱非连接区示意

 **特别提示**

　　框架柱的允许连接区并不意味着必须连接，当钢筋定尺长度能满足两层要求，施工工艺也能保证钢筋稳定时，即可将柱纵筋伸至上一层连接区进行连接。总之，"避开柱梁节点非连接区"和"连接区内能通则通"，是框架柱纵向钢筋连接的两个原则。

3.3.2　框架柱纵向钢筋连接构造

　　《混凝土结构设计规范》中规定，轴心受拉及小偏心受拉构件的纵向受力构件不得采用绑扎搭接；其他构件中的钢筋采用绑扎搭接时，受拉钢筋直径不宜大于 25mm，受压钢筋直径不宜大于 28mm。由于绑扎搭接受条件限制，又浪费钢筋，目前工程中多数采用机械连接或焊接连接。针对柱而言，由于是竖向构件，对竖向钢筋多采用电渣压力焊。本书只对普通框架柱的机械连接或焊接连接进行讨论。

　　1. 普通框架柱纵向钢筋连接构造

　　框架柱柱身纵向钢筋连接见图 3-14，要点为：

　　（1）地上一层柱下端非连接区高度 $\geqslant H_n/3$，是单控值；除此之外所有柱的上端和下端非连接区高度 $\geqslant H_n/6$、$\geqslant h_c$、$\geqslant 500mm$，为"三控"值，即在三个控制值中取最大者。

　　（2）可在除非连接区外的柱身任意位置连接。

　　（3）当采用机械连接时，相邻纵筋连接点错开 $\geqslant 35d$（d 为柱的最大纵筋直径）；当采用焊接时，相邻纵筋连接点错开 $\geqslant 35d$ 和 $\geqslant 500mm$。

　　（4）上柱纵筋直径 $\leqslant$ 下柱钢筋直径时，所有纵向钢筋应分两批交错连接。当采用搭接连接时，按分批搭接面积百分比并按较小钢筋直径计算搭接长度 l_{lE}；当不同直径钢筋采用对焊连接时，应先将较粗钢筋端头按 1∶6 斜度磨至较小直径后再进行焊接。

　　以上构造要点总结如下：

　　以焊接连接为例，无地下室框架柱纵筋连接构造，见图 3-13 和图 3-14。

$$\text{无地下室框架柱纵筋连接构造}\begin{cases}\text{钢筋非连接区}\begin{cases}\text{一层柱下端——}\geqslant H_n/3\\\text{一层柱上端}\\\text{其他层柱上下端}\end{cases}\max\,(H_n/6,\ h_c,\ 500)\\\text{钢筋交错连接距离——}\max\,(35d,\ 500)\end{cases}$$

图 3-13　无地下室框架柱纵筋构造

H—柱高；H_n—柱净高，$H_n = H - h_b$；h_b—梁高；h_c—柱长边尺寸

　　2. 地下室框架柱纵向钢筋连接构造

　　地下室框架柱（KZ）的纵向钢筋连接构造见图 3-15，可以与无地下室（KZ）纵筋连接构造比较学习，这样更容易理解和记忆。其要点如下：

　　（1）所有地下室范围内的柱的上端和下端非连接区均为 $\geqslant H_n/6$、$\geqslant h_c$、$\geqslant 500mm$ 三控值，三者中取大者。

　　（2）地下室最下一层的柱底面标高即为基础顶面标高。

　　（3）地下室的最上一层柱顶面标高，即为嵌固部位标高，嵌固部位由设计指定。

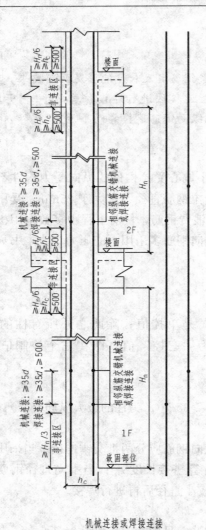

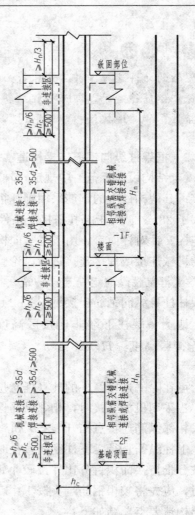

图 3-14　无地下室框架柱　　　　图 3-15　地下室框架柱
纵筋连接构造　　　　　　　纵筋连接构造

3. 框架柱纵筋变化（上、下层配筋量不同）时连接构造

（1）框架柱（KZ）上层纵筋根数增加的连接构造，见图 3-16。要点为：上柱比下柱多出的纵筋从楼层梁顶标高处向下柱内锚入 $1.2l_{aE}$。

（2）框架柱（KZ）上层纵筋直径大于下层时的连接构造，见图 3-17。要点为：上层纵筋要向下柱穿过非连接区，与下柱较小直径纵筋连接。

（3）框架柱（KZ）上层纵筋根数减少时的连接构造，见图 3-18。要点为：下柱多出的纵筋从楼层梁底处向上柱锚入 $1.2l_{aE}$。

（4）框架柱（KZ）下层纵筋直径大于上层纵筋直径时的连接构造，见图 3-19。要点为：下层纵筋向上穿过非连接区与上层较小直径纵筋连接，此构造与纵筋直径无变化时的构造一致。

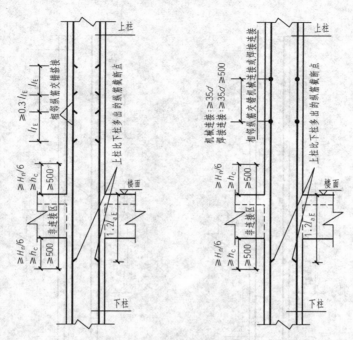

图 3-16　抗震框架柱（KZ）上层纵筋根数增加时的连接构造

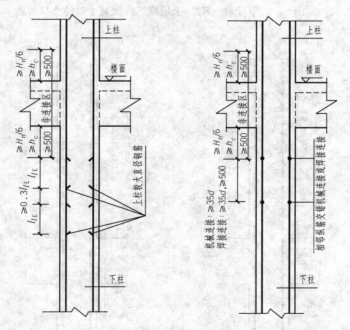

图 3-17　抗震框架柱（KZ）上层纵筋直径大于下层时的连接构造

3.3.3　框架柱箍筋构造

1. 框架柱箍筋加密区范围

（1）框架柱（KZ）无地下室时的箍筋加密区范围见图 3-20。要点为：框架柱（KZ）箍筋加密区范围与柱纵筋非连接区相同，即一层柱下端≥$H_n/3$ 单控值，一层柱上端和其他

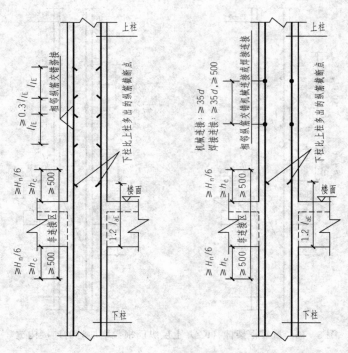

图 3-18　抗震框架柱（KZ）上层纵筋根数减少时的连接构造

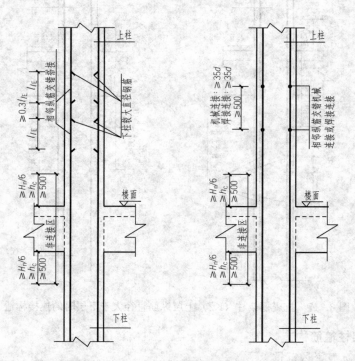

图 3-19　抗震框架柱（KZ）下层纵筋直径大于上层时的连接构造

层的上端和下端均要满足$\geq H_n/6$、$\geq h_c$、≥ 500mm，即三者中取大者。应注意，本构造图不适用于短柱、框支柱和一、二级抗震等级的角柱。

（2）地下室框架柱（KZ）的箍筋加密区范围见图 3-21。要点为：地下室框架柱（KZ）箍筋加密区范围与柱纵筋非连接区相同，即所有柱上端和下端箍筋加密区范围均要满足$\geq H_n/6$、$\geq h_c$、≥ 500mm，即三者中取大者。

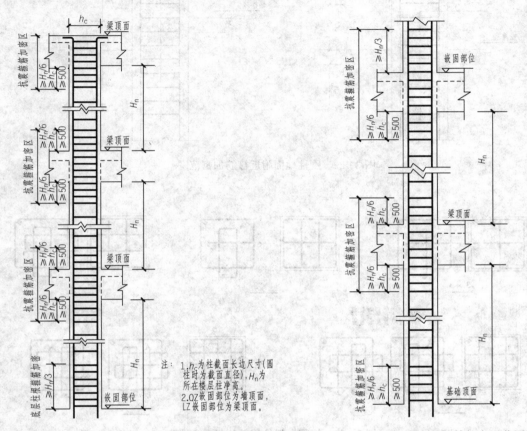

图 3-20　KZ、QZ、LZ 箍筋加密区范围　　　　图 3-21　地下室 KZ 箍筋加密区范围

（3）当未设地下室的框架柱基础埋置较深，且在一层地面位置未设置地下框架梁时，在刚性地面附近应设箍筋加密区，见图 3-22。

（4）有些柱沿柱全高均需要箍筋加密，包括三种情况：①框架结构中一、二级抗震等级的角柱；②抗震框架$H_n/h_c \leq 4$的短柱；③抗震框支柱。

当框架柱为短柱时，在地震作用下，柱身弯矩在柱层高内不会出现反弯点，此时框架柱的刚度较大，柱身的延性（即吸收地震能量的能力）相应降低，在横向地震作用下，柱身任何部位都有可能发生剪切破坏（有反弯点的柱通常不会在柱中部发生剪切破坏），因此，采用沿柱全高加密箍筋的措施，可以防止剪切破坏。

2. 框架柱箍筋的复合方式

（1）框架柱矩形截面箍筋的复合方式，见图 3-23。要点为：

1）截面周边为封闭箍筋，截面内的复合箍为小箍筋或拉筋。采用这种箍筋复合方式，

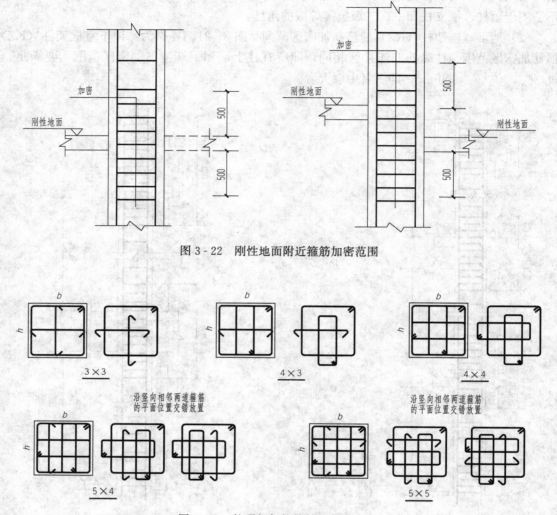

图 3-22　刚性地面附近箍筋加密范围

图 3-23　抗震框架柱箍筋的复合方式

沿封闭箍筋周边局部平行接触的箍筋不宜多于两道，因此用钢量最少。

2）柱内复合箍也可以全部采用拉筋，拉筋应同时钩住纵向钢筋和外围封闭箍筋，该箍筋复合方式也可用于梁柱节点内。

3）抗震柱所有箍筋的弯钩角度应为 135°，箍筋弯钩直段长度应为 10d（d 为箍筋直径）与 75mm 中的较大值。

（2）抗震圆柱螺旋箍筋构造，要点为：

1）沿柱高每隔 1.5m 设置一道直径≥12mm 的内环定位钢筋，但当采用复合箍筋时可以省去不设。

2）螺旋箍筋搭接长度≥l_a 且≥300mm，弯钩直段长度考虑抗震时为 10d 和 75mm 中取较大值，非抗震时取 5d，角度为 135°。

3）当螺旋箍筋采用非接触搭接方式时，搭接钢筋可交错半个箍距或保持 25mm 净距。

非接触搭接有利于混凝土对搭接钢筋产生较高的黏结力。

3. 框架柱复合箍筋布置原则

根据构造要求，当柱截面短边尺寸大于400mm且各边纵向钢筋多于3根时，或当截面短边尺寸不大于400mm但各边纵向钢筋多于4根时，应设置复合箍筋。

设置复合箍筋要遵循下列原则：

（1）大箍套小箍。

矩形柱的箍筋要求采用大箍里面套若干小箍的方式。如果是偶数肢数，则用几个两肢小箍来组合；如果是奇数肢数，则用几个两肢小箍再加上一个拉筋来组合，见图3-24（a）、（b）。

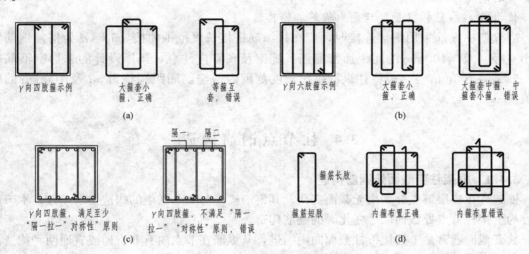

图3-24　设置复合箍筋原则
（a）、（b）大箍套小箍示例；（c）"隔一拉一""对称"示例；（d）内箍短肢最小示例

（2）"隔一拉一"。

设置的内箍肢或拉筋，要满足对柱纵筋至少"隔一拉一"的要求。也就是说，不允许存在两根相邻的柱纵筋同时没有钩住箍筋的肢或拉筋的现象，见图3-24（c）。

（3）对称性。

柱b边上箍筋的肢或拉筋都应该在b边上对称分布。同理，柱h边上箍筋的肢或拉筋都应在h边上对称分布，见图3-24（c）。

（4）内箍（小箍）短肢尺寸最小。

在考虑大箍套小箍的布置方案时，应该使矩形内箍（小箍）的短肢尺寸尽可能最短，使内箍与外箍重合的长度最短，见图3-24（d）。

（5）内箍尽量做成标准格式。

当柱复合箍筋存在多个内箍时，只要条件许可，这些内箍都尽量做成标准的格式，即内箍尽量做成等宽度的形式，以便于施工。

（6）纵横方向的内箍（小箍）要贴近外箍（大箍）放置。

柱复合箍筋在绑扎时，以大箍为基准，将纵向的小箍放在大箍上面，横向的小箍放在大箍下面；或者是纵向的小箍放在大箍下面，横向的小箍放在大箍上面。

在实际工程中，有的人为了图省事，采用"等箍互套"方式，或"大箍套中箍、中箍再套小箍"的做法，这是不允许的。

因为在柱子的四个侧面上，各有两根并排重合的一小段箍筋，这样可以基本保证混凝土对每根箍筋不小于270°的包裹，这对保证混凝土对钢筋的有效黏结至关重要。如果把"等箍互套"用于外箍上，就破坏了外箍的封闭性，这是很危险的；如果把"等箍互套"用于内箍上，就会造成外箍与互套的两段内箍有三段钢筋并排重叠在一起，影响了混凝土对每段钢筋的包裹，而且还多用了钢筋。如果采用"大箍套中箍、中箍再套小箍"的做法，柱侧面并排的箍筋重叠就会达到三根、四根甚至更多，这就影响了混凝土对每段钢筋的包裹，而且还浪费更多的钢筋。

4. 框架柱纵筋搭接长度范围内箍筋加密构造

当框架柱纵筋采用搭接连接时，应在柱纵筋搭接长度范围内按≤5d（d 为搭接钢筋的较小直径）及≤100mm 的间距加密箍筋。施工及预算应注意，当原设计的非加密箍筋间距＞5d或＞100mm 时，应将柱纵筋搭接长度范围内的箍筋间距调整为 5d 及 100mm 的较小值。

3.4　柱节点钢筋构造

3.4.1　框架柱变截面处钢筋构造

框架柱在楼层节点处如果无截面变化，其钢筋构造与 3.3.2 中的构造要求一致，本节的内容为框架柱节点处截面尺寸变化时的钢筋构造。

柱变截面通常是上柱比下柱截面向内缩进，其纵筋在节点内有非直通或直通两种构造。

1. 框架柱变截面纵筋非直通构造

当 $\Delta/h_b > 1/6$（Δ 为上柱截面缩进尺寸，h_b 为框架梁截面高度）时，应采用柱纵筋非直通构造，见图 3-25。要点为：

（1）下柱纵筋向上伸至梁纵筋之下弯钩，且要求≥$0.5l_{abE}$，弯钩水平段长度为 12d（d 为柱纵筋直径）。

（2）上柱收缩截面的插筋要锚入节点内，其长度为 $1.2l_{aE}$。

（3）当边柱外侧截面向内缩进时，不考虑 Δ/h_b 是否大于 1/6 还是小于或等于 1/6，均采用纵筋非直通构造。

（4）下柱非直通纵筋的角筋弯折朝向截面中心。

2. 框架柱变截面纵筋直通构造

框架柱变截面纵筋直通构造见图3-26，相应的箍筋构造见图 3-27。要点为：

（1）当 $\Delta/h_b \leq 1/6$ 时，可采用下柱纵筋略向内斜弯再向上直通构造。

（2）节点内箍筋应按加密区箍筋设计，顺斜弯度紧扣纵筋设置。

3.4.2　框架柱顶节点构造

1. 中柱、边柱、角柱的划分

框架顶层柱因所处位置不同，可分为中柱、边柱和角柱三种类型，一般情况下按以下形式区分中柱、边柱和角柱，见图 3-28。

（1）中柱：x 向和 y 向梁跨（不包括悬挑端）以柱为支座形成"十"形相交；

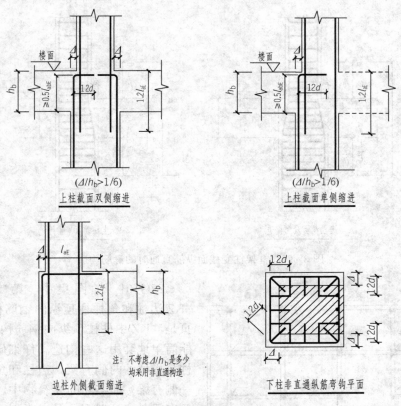

图 3-25　框架柱变截面纵筋非直通构造

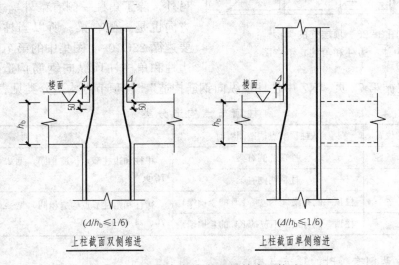

图 3-26　框架柱变截面纵筋直通构造

（2）边柱：x 向和 y 向梁跨（不包括悬挑端）以柱为支座形成"T"形相交；

（3）角柱：x 向和 y 向梁跨（不包括悬挑端）以柱为支座形成"L"形相交。

根据柱在建筑物上的平面位置，我们很容易确定中柱、边柱和角柱，但是平法图集 22G101-1 中所称的"中柱、边柱和角柱"其含义有所不同，我们一定要正确理解。

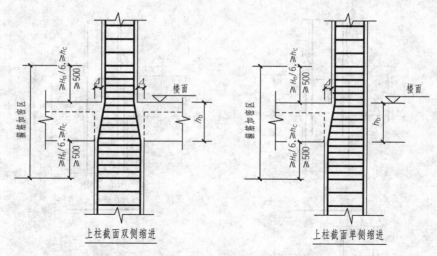

图 3-27　框架柱变截面纵筋直通时的箍筋构造

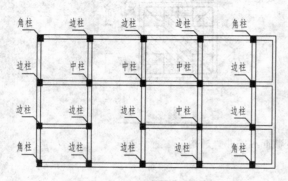

图 3-28　顶层柱的类型
（中柱、边柱和角柱）示意图

22G101-1 图集中，第 70、71 页是"KZ 边柱和角柱柱顶纵向钢筋构造"，第 72 页是"KZ 中柱柱顶纵向钢筋构造"，我们不能简单地套用这些构造。仔细研究发现，中柱是指柱的两侧有梁，边柱和角柱是指柱的一侧有梁。而实际的建筑物中，除了中柱两侧有梁外，边柱的一个方向也是两侧有梁。另外，除了角柱一侧有梁外，边柱的另一个方向也是一侧有梁。所以当柱一侧有梁时，要遵循 22G10-1 图集中的第 70、71 页"KZ 边柱和角柱柱顶纵向钢筋构造"；当柱两侧有梁时，要遵循第 72 页"KZ 中柱柱顶纵向钢筋构造"。柱顶节点构造分类见表 3-4。

表 3-4　　　　　　　　　　　　　　　柱顶节点构造分类

柱在建筑物中的位置	从柱顶节点构造图看时	说　明
中柱	柱顶两侧有梁	中柱和边柱节点构造相同，见 22G101-1 图集第 72 页
边柱	柱顶两侧有梁	
	柱顶一侧有梁（不包括 KL 的悬挑端）	边柱和角柱节点构造相同，见 22G101-1 图集第 70、71 页
角柱	柱顶一侧有梁（不包括 KL 的悬挑端）	

2. 框架柱两侧有梁时的顶节点构造

框架柱两侧有梁时的顶节点构造，即 22G101-1 图集第 72 页所表示的框架中柱顶节点和边柱两侧有梁时的节点构造，见图 3-29。要点为：

（1）从梁底线算起，当柱纵筋向上允许直通高度（梁高 h_b 一柱保护层 c）$< l_{aE}$ 时，下柱纵筋向上伸至柱顶，且 $\geq 0.5 l_{abE}$ 后弯钩，弯钩水平段长度为 $12d$（d 为柱纵筋直径）；弯钩可朝向柱截面内；当顶层现浇混凝土板的板厚 $\geq 100mm$ 时，弯钩可朝向柱截面外。

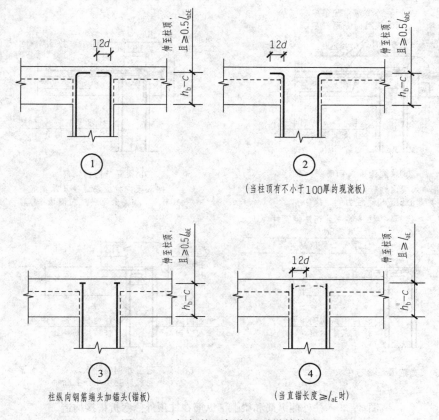

图 3-29　框架柱两侧有梁时纵筋构造

（2）从梁底线算起，当柱纵筋向上允许直通高度 $\geqslant l_{aE}$ 时，柱纵筋伸至柱顶混凝土保护层位置即可。

（3）节点内按柱上端的复合加密箍筋设置到顶。

（4）箍筋应紧扣柱纵筋绑扎。当柱纵筋顶端向内弯钩时，最高处一道复合箍筋的外框封闭箍筋应比下方外框封闭箍筋稍小；当柱纵筋顶端向外弯钩时，最高处一道复合箍筋的外框封闭箍筋应比下方外框封闭箍筋稍大。

（5）中柱柱头纵向钢筋构造分四种构造做法，施工人员应根据各种做法所要求的条件正确选用。

3. 框架柱一侧有梁时的顶节点构造

框架柱一侧有梁时的顶节点构造，即 22G101-1 图集第 70、71 页所表示的框架边柱和角柱柱顶节点构造。框架边柱或角柱顶层仅一侧有梁时的顶节点构造，与框架柱两侧有梁时的顶节点构造有显著区别，这部分内容是平法的难点又是重点。主要形式有两种：柱外侧纵向钢筋和梁上部纵向钢筋在节点外侧弯折搭接构造及柱外侧纵向钢筋和梁上部纵向钢筋在柱顶外侧直线搭接构造。

（1）柱外侧纵向钢筋和梁上部纵向钢筋在节点外侧弯折搭接构造，有 4 种做法，见图3-30。

（a）节点：当从梁底算起 $1.5l_{abE}$ 值超过柱内侧边缘时，在梁宽范围内的柱纵筋伸入梁内

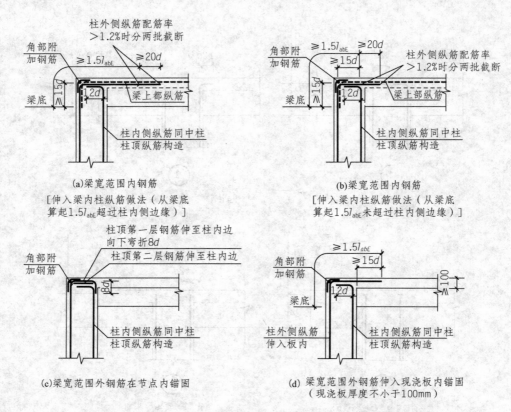

图 3-30　柱外侧纵筋和梁上部纵筋在柱顶外侧弯折搭接构造

的做法。

（b）节点：当从梁底算起 $1.5l_{abE}$ 值未超过柱内侧边缘时，在梁宽范围内的柱纵筋伸入梁内的做法。

（c）节点：在梁宽范围外柱纵筋在节点内的锚固做法。

（d）节点：在梁宽范围外柱纵筋伸入现浇板内的锚固做法（现浇板厚度不小于 100mm 时）。

在节点（a）、（b）中，柱外侧纵筋配筋率＞1.2%时，要求分两批截断钢筋，第二批截断位置距第一批截断点≥20d。

柱外侧纵筋配筋率等于柱外侧纵筋（包括两根角筋）的截面面积除以柱的总截面面积。即

$$\rho = \frac{A_s}{bh}$$

式中　ρ——柱外侧纵筋配筋率；

　　　A_s——柱外侧纵筋截面面积；

　b、h——柱截面尺寸。

（2）柱外侧纵向钢筋和梁上部纵向钢筋在柱顶外侧直线搭接构造，有 2 种做法，见图 3-31。

（a）节点：在梁宽范围内的柱纵筋做法。

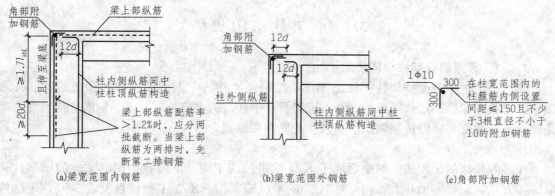

图 3-31　柱外侧纵筋和梁上部纵筋在柱顶外侧直线搭接构造

（b）节点：在梁宽范围外的柱纵筋做法。

节点（a）中梁上部纵筋配筋率＞1.2％时，要求分两批截断钢筋，第二批截断位置距第一批截断点≥20d。梁上部纵筋配筋率等于梁上部纵筋（如果有两排钢筋，两排都要算）的截面面积除以梁的有效截面面积。

$$\rho = \frac{A_s}{bh_0}$$
$$h_0 = h - s$$

式中　ρ——梁上部纵筋配筋率；

　　　A_s——梁上部纵筋截面积；

　　　b——梁宽；

　　　h_0——梁的有效高度；

　　　s——梁底到梁下部纵向受拉钢筋合力点距离。

根据 18G901-1，当梁下部纵向钢筋为一排时，s 取至钢筋中心位置：

$$s = c + 箍 d + 纵 d/2$$

当梁下部钢筋为多排时，s 可近似取 60mm

（3）节点内的箍筋按柱上端的复合加密箍筋设置到顶。

（4）柱箍筋应紧扣柱纵筋绑扎，最高处的一道复合箍筋的外框封闭箍筋应比下方外框封闭箍筋稍小。

✍ 特别提示

1．角柱在两个正交方向上均按顶层端节点构造。

2．中柱在两个正交方向上均按中柱节点构造。

3．边柱在两侧有梁的方向上按中柱顶节点构造，在一侧有梁的方向上按顶层端节点构造。

4．"顶梁边柱"并非只有到了建筑物的顶层才会出现，实际工程中，常有"高低跨"的建筑结构，当处于低跨部分的框架局部到顶时，也要执行"顶梁边柱"构造做法。

3.5 框架柱识图操练

3.5.1 等截面框架柱识图操练

我们将通过等截面框架柱平法施工图，绘制框架柱的立面钢筋排布图和截面钢筋排布图，学习关键部位钢筋锚固长度计算。钢筋排布中涉及的钢筋长度，不是钢筋造价长度，而是钢筋下料长度，所以按照钢筋下料长度的思路和原则介绍。

1. 柱平法施工图

在某办公楼的工程施工图中截取了 KZ1 的平法施工图，下面我们用已学过的框架柱列表注写方式，识读③轴和①轴相交处 KZ1 的平法施工图。KZ1 工程信息见表 3-5，平法施工图见图 3-32。

表 3-5   工程信息表

层号	顶面标高（m）	层高（m）	梁截面高度（mm）X 向/Y 向
5	17.350	3.3	550/550
4	14.050	3.3	550/550
3	10.750	3.3	550/550
2	7.450	3.3	550/550
1	4.150	4.2	600/600
基础	−1.050	基础顶面到一层地面高 1.0	

混凝土强度等级：C25；
抗震等级：三级；
环境类别：一类；
现浇板厚：100mm；
基础保护层厚度为 40mm

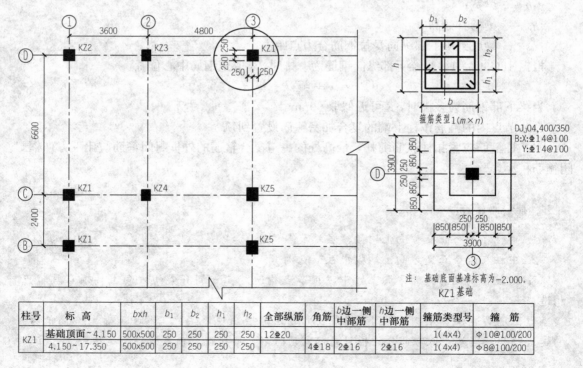

柱号	标 高	bxh	b_1	b_2	h_1	h_2	全部纵筋	角筋	b 边一侧中部筋	h 边一侧中部筋	箍筋类型号	箍 筋
KZ1	基础顶面~4.150	500x500	250	250	250	250	12Φ20				1(4x4)	Φ10@100/200
	4.150~17.350	500x500	250	250	250	250		4Φ18	2Φ16	2Φ16	1(4x4)	Φ8@100/200

图 3-32 柱平法施工图

2. 框架柱钢筋排布图

针对 KZ1 平法施工图 3-32，绘制 KZ1 的立面钢筋排布图，见图 3-33；绘制截面钢筋排布图，见图 3-34。

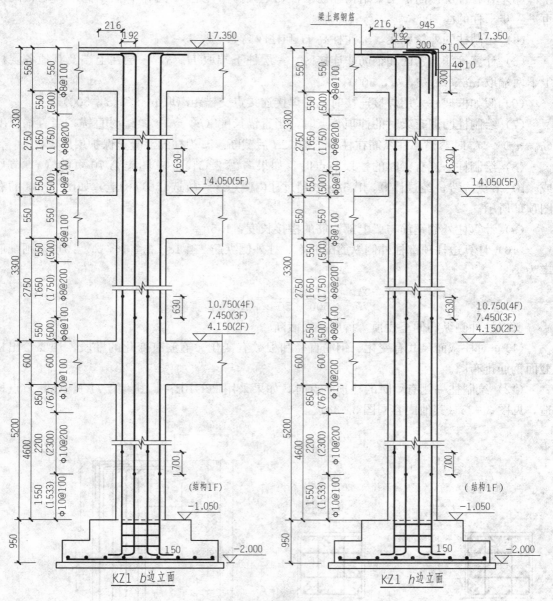

图 3-33　KZ1 立面钢筋排布图

注：箍筋加密区范围≥$H_n/3$ 和≥max（$H_n/6$，h_c，500）实际取值时，如果用于计算造价钢筋长度，可直接取此值（括号内数字），如果是施工现场钢筋排布，则取箍筋间距的倍数再加 50mm。

注意： KZ1 是边柱，b 边按柱顶两侧有梁的柱顶节点构造执行；h 边按柱顶一侧有梁的柱顶节点构造执行，按 22G101-1 图集第 70 页构造绘图。

绘制框架柱的步骤如下：

（1）查看基础图，确定 KZ1 对应的基础底面标高和顶面标高，从柱插筋开始绘制。

（2）查看各层楼面结构标高，确定柱高。

（3）查看各层楼面框架梁结构配筋图，确定梁高（注意 X 向和 Y 向梁高不一定相同），再进一步求柱的净高。

（4）绘制柱的外轮廓线，标注柱高 H 和柱净高 H_n。

（5）计算箍筋加密区和钢筋非连接区：一层柱下端取 $H_n/3$，一层柱上端及其他各层柱上下两端取 $\max(H_n/6,\ h_c,\ 500)$。

（6）假如框架柱采用焊接连接时，对焊接连接点交错距离取 $\max(35d,\ 500)$。

（7）绘制柱两侧有梁时的柱顶节点时，当直锚长度（h_b-c_c）$\geqslant l_{aE}$ 时直锚；当直锚长度（h_b-c_c）$< l_{aE}$ 时弯锚，柱纵筋在柱顶弯钩 $12d$ 后截断。c_c 为柱的混凝土保护层厚度。

（8）绘制柱一侧有梁时的柱顶节点时，如果考虑 22G101—1 图集第 70 页的（a）节点或（b）节点构造，经过计算，$1.5l_{abE}$ 未超过柱内侧边缘，故选（b）构造，如图 3-33 的右图顶部所示。

（9）计算柱外侧钢筋与梁上部钢筋的搭接长度：$1.5l_{abE}$。

（10）计算边柱顶部柱外侧纵筋配筋率。柱外侧纵筋 2 Φ 18＋2 Φ 16，$A_s＝911$，则配筋率为

$$\rho = \frac{A_s}{bh} = \frac{911}{500 \times 500} = 0.36\% < 1.2\%$$

所以柱外侧纵筋伸至柱顶弯折后一次截断。

（11）对柱截面尺寸有变化、钢筋直径和根数有变化、箍筋有变化的柱段，均要绘出柱截面钢筋排布图。

（12）绘制柱一侧有梁时的柱顶节点时，如果采用 22G101-1 图集第 71 页（a）节点构造，见图 3-35（其他内容同图 3-33）。

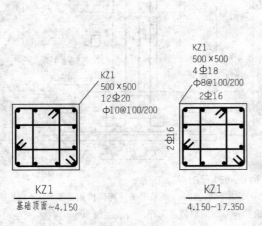

图 3-34　KZ1 截面钢筋排布图

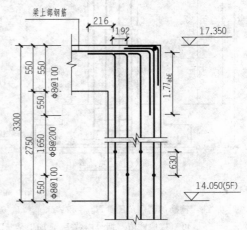

图 3-35　KZ1 柱顶"梁插柱"构造图

3. 钢筋非连接区和箍筋加密区计算

框架柱纵筋非连接区和箍筋加密区计算见表 3-6。

表 3 - 6　　　　　　　　　　　　　　纵筋非连接区和箍筋加密区计算表

柱位置	层高 (m)	梁高 (mm)	柱净高 H_n (mm)	纵筋非连接区和箍筋加密区范围 (mm)	焊接连接钢筋错开距离 (mm)
2 层～顶层	3.3	550	2750	$\max(H_n/6,\ h_c,\ 500)=$ $\max(2750/6=458,\ 500,\ 500)=550$	公式：$\max(500,\ 35d)$ $35d_1=35\times18=630$ $35d_2=35\times20=700$
基顶～1 层	4.2+1 =5.2	600	4600	上端：$\geqslant\max(4600/6=767,\ 500,$ $500)=767$ 下端：$\geqslant H_n/3=1533$	（同一截面有两种钢筋直径时，取大者，相互连接的两根钢筋直径不同时，取较小者）

注　1. h_c 为柱截面长边尺寸。

　　2. 为了计算方便纵筋非连接区与箍筋加密区范围取相同值。

4. 关键部位钢筋长度计算

关键部位钢筋长度计算见表 3 - 7。

表 3 - 7　　　　　　　　　　　　　　关键部位钢筋长度计算表

关键部位	计算过程	分析
插筋弯钩长度	$\max(6d,150)=\max(6\times20=120,150)=150$	因 $h_j-c_j-d_x-d_y=950-40-2\times14$ $=882>l_{aE}=42\times20=840$，插筋保护层
基础内箍筋根数	$n=\max\{2,[(h_j-100-c_j-d_x-d_y)/500+$ $1]\}=\max\{2,[(950-100-40-14-14)/500+$ $1]\}=3$	$>5d$，故采用 22G101 - 3 第 66 页 (a) 构造
伸入梁内的柱外侧纵筋长度	$1.5l_{abE}=1.5\times42\times18=1134$	同一截面有两种钢筋直径时取大者
	$1.5l_{abE}=1134>h_b-c_c+h_c-c_c=550-25+$ $500-25=1000$	$1.5l_{abE}$ 超过柱内侧边缘，故选择 (a) 构造
柱外侧纵筋第一批截断点与 15d 的比较	$1.5l_{abE}-(h_b-c_c)=1134-(550-25)=609$ $>15d=15\times18=270$	满足要求
柱内侧纵筋 12d 弯折长度	$12d=12\times18=216$ $12d=12\times16=192$	直锚长度$=h_b-c_c=550-25=525$ $l_{aE}=42\times18=756$ $l_{aE}=42\times16=672$ 因直锚长度$<l_{aE}$，故弯锚

注　c_c 为柱的混凝土保护层厚度。

3.5.2　变截面框架柱识图操练

22G101 - 1 第 72 页 KZ 变截面位置纵向钢筋构造是学习平法、识读施工图的难点，下面通过工程实例进行实操训练，进一步掌握关于变截面框架柱的纵向钢筋构造，以提高结构施工图的分析问题能力和解决问题能力。

1. 柱平法施工图

在某办公楼的工程施工图中截取了变截面柱 KZ5，下面我们用已学过的平法知识识读 KZ5 的平法施工图。

KZ5 的工程信息见表 3-8，采用列表注写方式，平法施工图见图 3-36（只讨论基顶标高以上部分）。

表 3-8   **工 程 信 息 表**

层号	顶标高 (m)	层高 (m)	梁截面高度（mm）X 向/Y 向	
3	10.750	3.3	550/550	混凝土强度等级：C25；抗震等级：三级；环境类别：一类；顶层现浇板板厚：100mm
2	7.450	3.3	550/550	
1	4.150	4.2	550/550	
基础	-1.050	基础顶面到一层地面高 1.0		

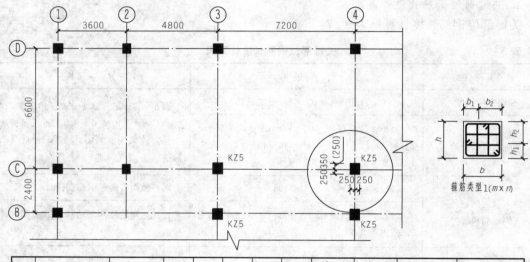

柱号	标 高	b×h	b_1	b_2	h_1	h_2	角 筋	b 边一侧中部筋	h 边一侧中部筋	箍筋类型号	箍 筋
	基础顶面~4.150	500×600	250	250	250	350	4⊕20	2⊕18	2⊕18	1(4×4)	Φ10@100/200
KZ5	4.150~7.450	500×500	250	250	250	250	4⊕18	2⊕16	2⊕16	1(4×4)	Φ10@100/200
	7.450~10.750	500×500	250	250	250	250	4⊕18	2⊕16	2⊕16	1(4×4)	Φ8@100/200

图 3-36 KZ5 平法施工图

2. 变截面框架柱钢筋排布图

通过识读变截面框架柱平法施工图，绘制立面钢筋排布图（见图 3-37）和截面钢筋排布图（见图 3-38）。

KZ5 属于中柱，柱顶钢筋构造要符合 22G101-1 第 72 页关于 KZ 中柱柱顶纵向钢筋构造的要求。

3. 钢筋非连接区和箍筋加密区计算

框架柱纵筋非连接区和箍筋加密区计算见表 3-9。

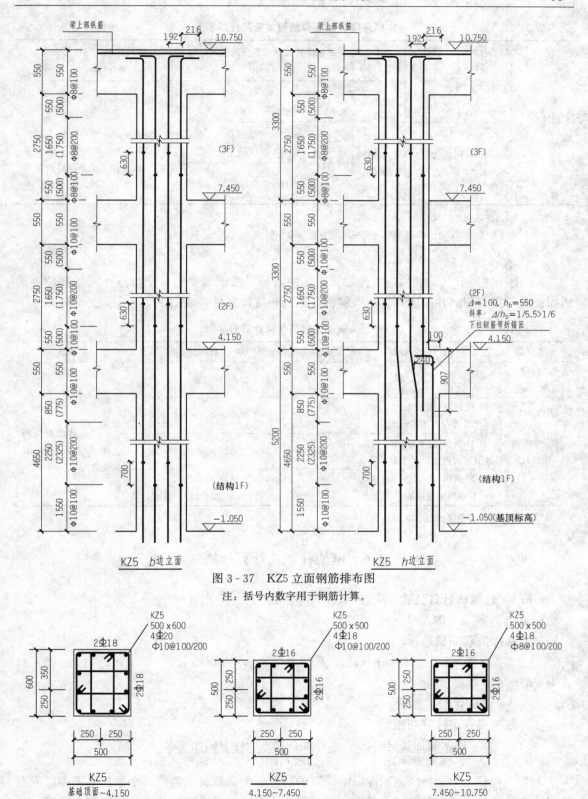

图 3 - 37　KZ5 立面钢筋排布图

注：括号内数字用于钢筋计算。

图 3 - 38　KZ5 截面钢筋排布图

表 3-9　　　　　　　　　　　　**纵筋非连接区和箍筋加密区计算表**

柱位置	层高（m）	梁高（mm）	柱净高 H_n（mm）	纵筋非连接区和箍筋加密区范围（mm）	焊接连接钢筋错开距离（mm）
2层～3层	3.3	550	2750	$\max(H_n/6,\ h_c,\ 500)=$ $\max(2750/6=458,\ 500,\ 500)=550$	公式：$\max(500,\ 35d)$ $35d_1=35\times18=630$ $35d_2=35\times20=700$
基顶～1层	4.2+1 =5.2	h 边 550 b 边 600	h 边 4650 b 边 4600	上端：$\max(4650/6=775,\ 500,$ $500)=775$ 下端：$\geqslant H_n/3=4650/3=1550$	（同一截面有两种钢筋直径时，取大者，相互连接的两根钢筋直径不同时，取较小者）

　　注 1. h_c 为柱截面长边尺寸。

　　　　2. 为了方便计算，纵筋非连接区与箍筋加密区范围取相同值。

4. 关键部位钢筋长度计算

　　KZ 中柱柱顶节点钢筋构造、变截面钢筋构造是平法识图中的一个难点，其各部位钢筋锚固长度要正确理解并准确计算。关键部位钢筋长度计算见表 3-10。

表 3-10　　　　　　　　　　　　**关键部位钢筋长度计算表**　　　　　　　　　　mm

关键位置	计算内容	计算过程	备注
柱顶节点钢筋构造	12d 弯折长度	$12d=12\times18=216$	参见 22G101-1 第 72 页。 同一截面有两种钢筋直径时，取大者
柱变截面处钢筋构造	上柱钢筋（2ϕ18+2ϕ16）节点内锚固长度	$1.2l_{aE}=1.2\times42\times18=907$	
	下柱钢筋（2ϕ20+2ϕ18）节点内弯折后水平段长度	$12d=12\times20=240$	
	下柱钢筋（2ϕ20+2ϕ18）节点内竖直锚固段长度	$h_b-c_c=550-25=525>0.5l_{abE}$ $=0.5\times42\times20=420$，满足要求	

　　注 c_c 为柱的混凝土保护层厚度。

3.6　框架柱钢筋计算操练

3.6.1　柱钢筋计算公式

1. 柱箍筋根数计算公式

（1）基础内箍筋根数：

$$n=\max\{2,[(h_j-100-c_j)/500+1]\} \tag{3-1}$$

式中　h_j——基础高度；

　　　c_j——基础保护层厚度。

（2）其他层每层柱箍筋根数：

$$n=\frac{\text{柱下端加密区}-50}{\text{加密间距}}+\frac{\text{非加密区}}{\text{非加密间距}}+\frac{\text{柱上端加密区}+\text{梁高}}{\text{加密间距}}+1 \tag{3-2}$$

上式中共有 3 个"箍筋范围除以间距"的商，每个商数要取整数，小数只入不舍，但在实际操作时当遇到"0.01"这个数时，也要只入不舍吗？可以这样处理：当小数点后第一位数值非零时，可以商数加 1。

式（3-2）中，为什么箍筋根数要加 1 呢？我们要求的是箍筋的根数，而前三项求得的是箍筋的间距数，所以间距数要加 1。

2. 柱箍筋长度计算公式

柱箍筋形式有非复合箍和复合箍，下面分非复合箍（复合箍的外箍）、复合箍的内箍讨论箍筋长度计算公式，柱箍筋图样见图 3-39。

（1）柱非复合箍（外箍）的长度计算公式。

箍筋基本计算公式：

箍筋长度＝直段长度＋弯钩增加值

造价长度取外皮尺寸，所以考虑抗震时，柱非复合箍（外箍）的箍筋长度公式：

$$L = 2(b-2c) + 2(h-2c) + 2\max\{12.9d, 75+2.9d\}$$
$$L = 2(b+h) - 8c + \max\{25.8d, 150+5.8d\}$$
$$(3-3)$$

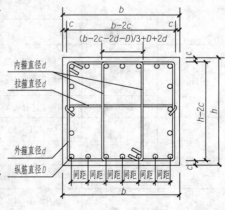

图 3-39　柱箍筋图样

不同情况下非复合箍（外箍）长度的计算公式见表 3-11。

（2）柱内箍长度计算公式。

沿 h 边内箍高＝$h-2c$

沿 b 边内箍宽＝$[(b-2c-2d-D)/$ 间距个数$]\times$内箍占间距个数$+D+2d$

内箍的长度：

$$L = 2\{[(b-2c-2d-D)/\text{间距个数}]\times \text{内箍占间距个数}$$
$$+D+2d\} + 2(h-2c) + 2\times \text{弯钩长}$$
$$(3-4)$$

当柱复合箍 4×4，考虑抗震时，内箍长度计算公式：

$$L = 2[(b-2c-2d-D)/3+D+2d] + 2(h-2c) + 2\times \text{弯钩长}$$
$$= 2(b-2c)/3 + 2(h-2c) + 2\max(12.9d, 75+2.9d) + 4(D+d)/3$$
$$= 2(b-2c)/3 + 2(h-2c) + 1.3D + \max(27.1d, 150+7.1d) \quad (3-5)$$

式中　D——柱纵向钢筋直径；

　　　d——箍筋直径。

不同情况下柱内箍长度的计算公式见表 3-11。

（3）柱单肢箍（拉筋）长度计算公式。

当柱内部复合箍筋采用单肢箍时，单肢箍要同时钩住柱纵向钢筋和外箍，并在端部做 135°的弯钩。考虑抗震时，单肢箍的长度：

$$L = b - 2c + 2d + 2\times \text{弯钩长}$$
$$= b - 2c + 2d + 2\max(12.9d, 75+2.9d)$$

上式整理后，单肢箍的长度计算公式为

$$L = b - 2c + \max(27.8d, 150+7.8d) \quad (3-6)$$

不同情况下单肢箍长度的计算公式见表 3-11。

表 3 - 11　　　　　　　　　　　柱箍筋长度计算公式表　　　　　　　　　　　mm

柱箍筋	适用范围	直径 d	柱箍筋长度计算公式
非复合箍（外箍）	抗震	$d=8,10,12$	$L=2(b+h)-8c+25.8d$
		$d=6$	$L=2(b+h)-8c+150+5.8d$
	非抗震		$L=2(b+h)-8c+15.8d$
内箍	抗震		$L=2\{[(b-2c-2d-D)/间距个数]\times内箍占间距个数+D+2d\}+2(h-2c)+2\max(12.9d,75+2.9d)$
	非抗震		$L=2\{[(b-2c-2d-D)/间距个数]\times内箍占间距个数+D+2d\}+2(h-2c)+15.8d$
4×4复合箍的内箍	抗震	$d=8,10,12$	$L=2(b-2c)/3+2(h-2c)+1.3D+27.1d$
		$d=6$	$L=2(b-2c)/3+2(h-2c)+1.3D+150+7.1d$
	非抗震		$L=2(b-2c)/3+2(h-2c)+1.3D+17.1d$
单肢箍	抗震	$d=8,10,12$	$L=b-2c+27.8d$
		$d=6$	$L=b-2c+150+7.8d$
	非抗震		$L=b-2c+17.8d$

3.6.2　框架柱钢筋计算操练

前面我们取某办公楼施工图中 KZ1 的平法施工图，通过画钢筋排布图进行了识图操练，下面还用这根 KZ1（见图 3-32）进行钢筋计算操练，并学习钢筋造价长度的计算。

1. 计算步骤

计算钢筋步骤如下：

第一步：画柱纵筋简图，见图 3-40 左图。柱纵筋采用焊接连接，焊接连接不影响钢筋长度的计算。柱纵筋从基础插筋到柱顶部仅在第二层柱下端钢筋直径有变化。

第二步：对柱纵筋编号。③轴和①轴相交处的 KZ1 是边柱，从平面图来看，截面上边为柱外侧，左边、右边和下边为内侧。基础层和一层纵筋为①12 ⨮ 20；二、三层和四层配筋相同，角筋为②4 ⨮ 18，中部筋为③8 ⨮ 16；五层即顶层，外侧角筋为④2 ⨮ 18；外侧中筋为⑤2 ⨮ 16；内侧角筋为⑥2 ⨮ 18；内侧中筋为⑦6 ⨮ 16。

第三步：判断是否为短柱。$(H_n)_{min}=2750mm$，$h_c=500mm$，$H_n/h_c=2750/500=5.5>4$，故 KZ1 不是短柱。

第四步：画柱箍筋的简图，见图 3-40 右图。

第五步：对柱箍筋编号。当柱截面尺寸发生变化，或箍筋直径变化时，箍筋要编不同的号码。

基础内设矩形封闭箍（非复合箍）为⑧钢筋；一层内设复合箍筋，外箍尺寸和直径与基础内箍筋一致，仍为⑧钢筋，内箍为⑨钢筋；二到五层设复合箍筋，由于直径不同，要编不同的号，外箍为⑩钢筋，内箍为⑪钢筋。

第六步：这是边柱，柱顶外侧设角部附加钢筋和支顶钢筋，角部附加钢筋为⑫钢筋、支顶钢筋为⑬钢筋。

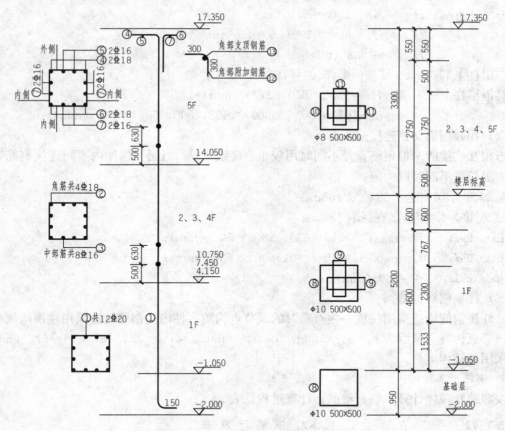

图 3-40 柱纵筋和箍筋简图

第七步：按照编号顺序计算所有钢筋。

2. 计算分析

（1）基本信息。

柱保护层厚度为 25mm，基础保护层厚度为 40mm，$l_{aE}=42d$。基础底板两个方向钢筋 $d_x=14mm$，$d_y=14mm$。

（2）柱在基础中插筋锚固构造。

基础高度 $h_j=2.00-1.05=0.95$（m）

因为 $h_j-c_j=950-40=910$（mm）$>l_{aE}=42\times20=840$（mm），插筋保护层$>5d$，柱插筋在基础内的弯钩要求 $6d$ 且$\geqslant150$，即 $\max(6d,150)=\max(6\times20=120,150)=150$（mm）。

基础内箍筋根数：

$$n=\max\{2,[(h_j-100-c_j)/500+1]\}$$
$$=\max\{2,[(950-100-40)/500+1]\}$$
$$=3（根）$$

（3）纵筋非连接区和箍筋加密区范围。

为了计算方便，纵筋非连接区和箍筋加密区范围取相同值。

一层柱下端：$H_1=4.15+1.05=5.2$（m）

$\qquad\qquad H_{n1}=H_1-h_b=5.2-0.6=4.6$（m）

$\qquad\qquad H_{n1}/3=1533$（mm）

一层柱上端：$\max(H_{n1}/6,h_c,500)=767$（mm）

其他层柱上、下端：$H_n=3300-550=2750$（mm）

$\qquad\qquad\max(H_n/6,h_c,500)=(458,500,500)=500$（mm）

（4）相邻钢筋交错连接范围。

当相互连接的两根钢筋直径不同时用较小值确定 $35d$；当同一构件内不同连接钢筋计算连接区段长度不同时取大值。

$\underline{\Phi}$ 20 和 $\underline{\Phi}$ 16 相连，直径取 16mm；

$\underline{\Phi}$ 20 和 $\underline{\Phi}$ 18 相连，直径取 18mm；

$\max(35d,500)=\max(35\times16=630,500)=560$（mm）；

$\max(35d,500)=\max(35\times18=630,500)=630$（mm）；

$\max(560,630)=630$（mm）。

（5）柱顶钢筋构造。

柱外侧钢筋构造采用柱顶一侧有梁时的顶节点构造；柱内侧钢筋构造采用柱顶两侧有梁时的顶节点构造，又因为 $h_b-c_c=550-25=525$（mm）$<l_{aE}=42d=42\times16=672$（mm），所以采用外锚构造。

3. 钢筋计算

按照编号顺序计算纵筋和箍筋，计算过程见表 3-12。

表 3-12　　　　　　　　　　　　KZ1 钢 筋 计 算 表

钢筋名称		编号	钢筋规格	计　算　式（m）	总长（m）
基础层和一层纵筋		1	$\underline{\Phi}$ 20	$L=(4.15+2.0-0.04+0.15+0.5)\times12+0.63\times6=84.90$	84.900
二、三、四层纵筋		2	$\underline{\Phi}$ 18	$3\times4\times3.3=39.6$	39.600
		3	$\underline{\Phi}$ 16	$3\times8\times3.3=79.2$	79.200
五层纵筋	外侧角筋	4	$\underline{\Phi}$ 18	$L=(3.3-0.5-0.55+1.5\times42\times0.018)\times2-0.63=6.138$	6.138
	外侧中筋	5	$\underline{\Phi}$ 16	$L=(3.3-0.5-0.55+1.5\times42\times0.016)\times2-0.63=5.886$	5.886
	内侧角筋	6	$\underline{\Phi}$ 18	$L=(3.3-0.5-0.025+12\times0.018)\times2-0.63=5.352$	5.352
	内侧中筋	7	$\underline{\Phi}$ 16	$L=(3.3-0.5-0.025+12\times0.016)\times6-0.63\times3=15.912$	15.912
基础层和一层外箍		8	Φ 10	$L=2\times(0.5+0.5)-8\times0.025+25.8\times0.01=2.058$ 基础层：$n=\max\{2,[(950-40-100)/500+1]\}=3$（根） 一层：$n=(1533-50)/100+2300/200+(767+600)/100+1=42$（根） 总根数 $n=3+42=45$（根）	92.610

续表

钢筋名称	编号	钢筋规格	计 算 式 (m)	总长 (m)
一层内箍	9	Φ 10	$L=2(0.5-2\times0.025)/3+2\times(0.5-2\times0.025)+1.3\times0.02+27.1\times0.01=1.497$ $n=2\times$外箍根数$=2\times42=84$(根)	125.748
二～五层外箍	10	Φ 8	$L=2\times(0.5+0.5)-8\times0.025+25.8\times0.008=2.006$ $n=4\times[(500-50)/100+1750/200+(500+550)/100+1]=104$(根)	208.624
二～五层内箍	11	Φ 8	$L=2(0.5-2\times0.025)/3+2\times(0.5-2\times0.025)+1.3\times0.018+27.1\times0.008=1.440$ $n=2\times$外箍根数$=2\times104=208$(根)	299.562
角部附加钢筋	12	Φ 10	$L=0.3+0.3=0.6$ $n=\max\{3,[(500-2\times25)/150+1]\}=4$(根)	2.400
角部支顶钢筋	13	Φ 10	$L=0.5-2\times0.025=0.45$ $n=1$(根)	0.450

合计长度：Φ 20:84.900m；Φ 18:51.090m；Φ 16:100.998m；Φ 10:221.208m；Φ 8:508.186m

合计质量：Φ 20:209.363kg；Φ 18:102.078kg；Φ 16:159.375kg；Φ 10:136.485kg；Φ 8:200.733kg

注　1. 计算钢筋根数时，每个商取整数，只入不舍。
　　 2. 质量＝长度×钢筋单位理论质量。

实 操 题

1. 图 3-41 是框架柱上层纵筋根数增加但直径相同或直径小于下层柱时的绑扎连接构造，请把它转换成机械连接或焊接连接的构造形式。图 3-42 是某框架柱上层和下层纵筋变化的截面配筋图，按照图 3-41 的构造要求，画出钢筋立面配筋图。

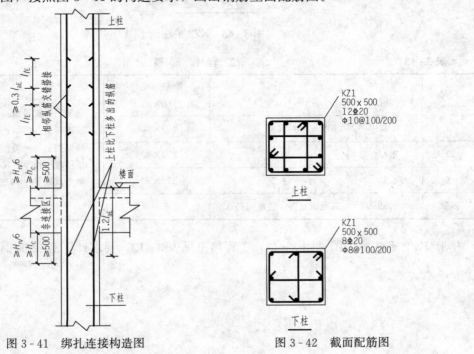

图 3-41　绑扎连接构造图　　　　　图 3-42　截面配筋图

2. KZ2 平法施工图见图 3 - 43，工程信息见表 3 - 13，要求绘出其立面钢筋排布图和截面钢筋排布图，假设柱顶采用②或③节点构造。

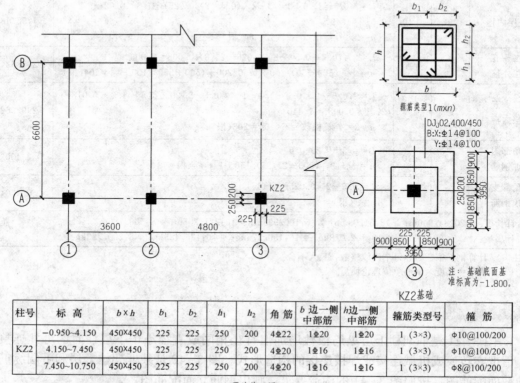

图 3 - 43 KZ2 平法施工图

表 3 - 13   **工程信息表**

层号	顶标高 (m)	层高 (m)	梁截面尺寸 ($b \times h$)	
3	10.750	3.3	250×600	混凝土强度等级：C30；
2	7.450	3.3	250×600	抗震等级：二级； 环境类别：一类；
1	4.150	4.2	250×600	顶层现浇板厚：100mm； 梁上部纵筋：4Φ20
基础	-0.950	基础顶面到一层地面高 0.9		

3. KZ2 平法施工图见图 3 - 43，工程信息见表 3 - 13，要求计算 KZ2 的钢筋工程量。

项目 4

剪力墙平法识图与钢筋计算

本项目相关资源

看一看、想一想

图 4-1 和图 4-2 是剪力墙钢筋绑扎的实物照片，你能说出其中几种钢筋？请仔细观察剪力墙柱的钢筋构造，与图 3-1 框架柱钢筋比较，有什么区别？

图 4-1 剪力墙柱钢筋

图 4-2 剪力墙身钢筋

4.1　剪力墙的平法设计规则

4.1.1　剪力墙的基本概念

首先，要弄清楚什么是剪力墙，剪力墙有什么作用。

房屋结构中的框架结构，是由梁和柱刚性连接的骨架结构。但是当房屋层数更多或高宽比更大时，框架结构的梁、柱截面将增大到不经济的程度。这是因为房屋很高时，底层不仅轴向力很大，水平荷载产生的弯矩也很大，致使截面尺寸有限的柱子难以承担，这时则宜采用现浇钢筋混凝土墙片代替框架。墙片的抗侧力刚度很大，其抗剪能力大大提高，这种钢筋混凝土墙片就称为剪力墙。

有时，在框架结构中在框架梁、柱之间的矩形空间也设置一道现浇钢筋混凝土墙片，用以加强框架的空间刚度和抗剪能力，这面墙就是剪力墙。这样的结构就称为框架—剪力墙结构，简称"框—剪结构"。

剪力墙的主要作用是抵抗水平地震力。一般抗震设计主要考虑水平地震力，这是基于建筑物不在地震中心甚至远离地震中心假定的。我们知道，地震冲击波是以震源为中心的球面波，因此地震力包括水平地震力和垂直地震力。在震中附近，地震力以垂直地震力为主，如果考虑这种情况的发生，则设计师需要研究如何克服垂直地震力的影响。在离震中较远的地方，地震力以水平地震力为主，这是一般抗震设计的基本出发点。所以按照"以抵抗水平地震力为出发点而考虑"的话，框架柱和剪力墙是主要的耗能构件，框架梁次之，而非框架梁、悬挑梁和楼板一般不考虑抗震。

从抵抗水平地震力出发设计的剪力墙，其主要受力钢筋就是水平分布筋。

在分析剪力墙承受水平地震力的过程来看，剪力墙受水平地震力作用来回摆动时，基本上以墙肢的垂直中线为拉压零点线，墙肢中线的两侧，一侧受拉一侧受压且周期性变化，拉应力或压应力值越往外越大，至边缘达最大值。为了加强墙肢抵抗水平地震力的能力，需要在墙肢边缘处对剪力墙身进行加强，这就是为什么要在墙肢边缘设置"边缘构件"（暗柱或端柱）的原因。所以说，暗柱或端柱不是墙身的支座，相反，暗柱和端柱这些边缘构件与墙身本身是一个共同工作的整体（属于同一个墙肢）。

4.1.2　剪力墙结构包含的构件

简单地说，剪力墙结构构件包含"一墙、二柱、三梁"，即包含一种墙身、两种墙柱、三种墙梁，剪力墙的组成构件及所配钢筋见图 4-3。

1. 一种墙身

剪力墙的墙身就是一道混凝土墙，常见的墙厚度在 200mm 以上，一般配置两排钢筋网。当然，更厚的墙也可能配置三排以上的钢筋网。

剪力墙身的钢筋网通常设置水平分布筋和竖向分布筋（即垂直分布筋）。布置钢筋时，把水平分布筋放在外侧，竖向分布筋放在水平分布筋的内侧，因此，剪力墙的保护层是针对水平分布筋来说的。剪力墙身配筋见图 4-4。

剪力墙身采用拉筋把外侧钢筋网和内侧钢筋网连接起来。如果剪力墙身设置三排或更多排的钢筋网，拉筋还要把中间排的钢筋网固定起来。剪力墙的各排钢筋网的钢筋直径和间距是一致的，这也为拉筋的连接创造了条件。

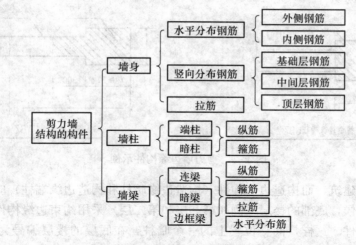

图 4-3　剪力墙的组成构件及钢筋

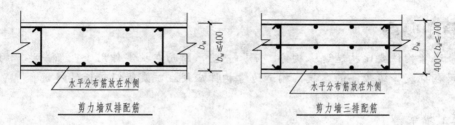

图 4-4　剪力墙身配筋构造

剪力墙的设计主要考虑水平地震力的作用，其水平分布筋是剪力墙身的主筋。所以，剪力墙身水平分布筋放在竖向分布筋的外侧。剪力墙水平分布筋除了抗拉以外，主要的作用是抗剪。所以剪力墙水平分布筋必须伸到墙肢的尽端，即伸到边缘构件（暗柱和端柱）外侧纵筋的内侧，而不能只伸入暗柱一个锚固长度，暗柱虽然有箍筋，但是暗柱的箍筋不能承担墙身的抗剪功能。

剪力墙身竖向分布筋也可能受拉，但是墙身竖向分布筋不抗剪。一般墙身竖向分布筋按构造设置。

2. 两种墙柱

GB 50011—2010《建筑抗震设计规范》（2016 年版）第 6.4.5 条中规定"抗震墙❶两端和洞口两侧应设置边缘构件"。边缘构件在传统意义上又叫剪力墙柱，可分为两大类：暗柱和端柱。暗柱的宽度等于墙的厚度，所以暗柱是隐藏在墙内看不见的。端柱的宽度比墙厚度要大，凸出墙面。暗柱包括：直墙暗柱、翼墙暗柱和转角墙暗柱。端柱包括：直墙端柱、翼墙端柱和转角墙端柱。

剪力墙的边缘构件又划分为"构造边缘构件"和"约束边缘构件"两大类。平法中构造边缘构件在编号时以字母 G 打头，约束边缘构件在编号时以字母 Y 打头，如图 4-5 所示。

一般来说，约束边缘构件（约束边缘暗柱和约束边缘端柱）应用在抗震等级较高（例如

---

❶　《建筑抗震设计规范》中的抗震墙就是《混凝土结构设计规范》中的剪力墙。

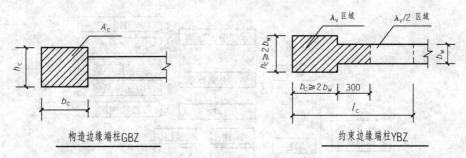

图 4 - 5　剪力墙边缘构件示例

一级抗震等级）的建筑，而构造边缘构件（构造边缘暗柱和构造边缘端柱）应用在抗震等级较低的建筑。有时候，底部的楼层（例如第一层和第二层）采用约束边缘构件，而上面的楼层采用构造边缘构件。这样，同一位置上的一个暗柱，在底层的楼层编号为 YBZ，而到了上面的楼层就变成了 GBZ 了，在审阅图纸时尤其要注意这一点。

 **特别提示**

　　约束边缘构件要比构造边缘构件"强"一些，因而在抗震作用上也强一些。约束边缘构件应用在抗震等级较高的建筑，构造边缘构件应用在抗震等级较低的建筑。

3. 三种墙梁

三种剪力墙梁是指连梁（LL）、暗梁（AL）和边框梁（BKL），见图 4 - 6。

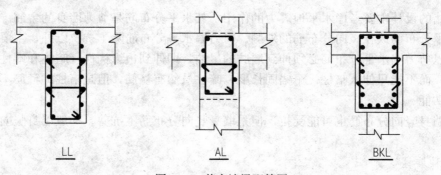

图 4 - 6　剪力墙梁配筋图

　　（1）连梁（LL）。连梁（LL）其实是一种特殊的墙身，它是上下楼层窗（门）洞口之间的那部分水平的窗（门）间墙。

　　（2）暗梁（AL）。暗梁（AL）与暗柱有些共性，因为它们都是隐藏在墙身内部看不见的构件，它们都是墙身的一个组成部分。暗梁的截面宽度与墙身厚度相同。事实上，剪力墙的暗梁和砖混结构的圈梁有些共同之处，它们都是墙身的一个水平线性"加强带"。如果说，梁的定义是一种受弯构件的话，则圈梁不是梁，暗梁也不是梁。认识暗梁的这种属性，在研究暗梁的构造时，就更容易理解了。暗梁的配筋是按照截面配筋图所标注的钢筋截面全长贯通布置的。

　　大量的暗梁存在于剪力墙中。正如前面所说的，剪力墙的暗梁和砖混结构的圈梁有些共同之处，暗梁一般和楼板整浇在一起，且暗梁的顶标高一般与板顶标高相齐。

（3）边框梁（BKL）。边框梁（BKL）与暗梁有很多共同之处，边框梁也是一般设置在楼板以下的部位，它不是受弯构件，所以也不是梁。边框梁的配筋是按照截面配筋图所标注的钢筋截面全长贯通布置。

边框梁和暗梁比较，主要区别有两点，一是它的截面宽度比暗梁宽，也就是说，边框梁的截面宽度大于墙身厚度，因而形成了凸出剪力墙墙面的一个边框。由于边框梁与暗梁都设置在楼板以下部位，所以，设边框梁就不必设暗梁。二是边框梁的侧面水平筋在箍筋内侧，而暗梁的侧面水平筋在箍筋外侧。

4.1.3　剪力墙各种钢筋的层次关系

综合分析剪力墙各种钢筋的层次关系，弄清楚哪些钢筋同处在第一层次，哪些钢筋同处在第二层次，哪些钢筋同处在第三层次，对于我们今后分析剪力墙各部分的构造很有帮助。

第一层次的钢筋有水平分布筋、暗柱箍筋。

第二层次的钢筋有竖向分布筋、暗柱纵筋、暗梁箍筋和连梁箍筋。

第三层次的钢筋有暗梁纵筋、连梁纵筋。

例如，暗梁中的钢筋层次关系见图 4-7。

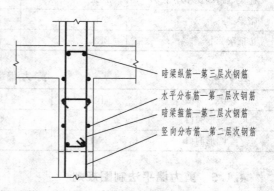

图 4-7　暗梁中的钢筋层次关系

4.1.4　剪力墙编号规定

剪力墙柱编号见表 4-1，剪力墙身编号见表 4-2，剪力墙梁编号见表 4-3，剪力墙洞口与壁龛编号见表 4-4。

表 4-1　　　　　　　　　剪 力 墙 柱 编 号

墙柱类型	代号	序号	墙柱详称	说　明
约束边缘构件	YBZ	××	约束边缘暗柱	设置在剪力墙边缘（端部）起到改善受力性能作用的墙柱。用于抗侧力大和抗震等级高的剪力墙，其配筋要求比构造边缘构件更严，配筋范围更大
			约束边缘端柱	
			约束边缘翼墙（柱）	
			约束边缘转角墙（柱）	
构造边缘构件	GBZ	××	构造边缘暗柱	设置在剪力墙边缘（端部）的墙柱
			构造边缘端柱	
			构造边缘翼墙（柱）	
			构造边缘转角墙（柱）	
非边缘暗柱	AZ	××	非边缘暗柱	在剪力墙的非边缘处设置的与墙厚等宽的墙柱
扶壁柱	FBZ	××	扶壁柱	在剪力墙的非边缘处设置的凸出墙面的墙柱

表 4-2　　　　　　　　　剪 力 墙 身 编 号

类　型	代号	序号	说　明
剪力墙身	Q	××	剪力墙身指剪力墙除去端柱、边缘暗柱、边缘翼墙、边缘转角墙后的墙身部分

表 4 - 3　　　　　　　　　　　　　　　　　剪 力 墙 梁 编 号

类　　型	代号	序号	特　　征
连梁	LL	××	设置在剪力墙洞口上方，两端与剪力墙相连，且跨高比小于5，梁宽与墙厚相同
连梁（对角暗撑配筋）	LL（JC）	××	跨高比不大于2，且连梁宽不小于400mm时可设置
连梁（交叉斜筋配筋）	LL（JX）	××	跨高比不大于2，且连梁宽不小于250mm时可设置
连梁（集中对角斜筋配筋）	LL（DX）	××	跨高比不大于2，且连梁宽不小于400mm时宜设置
连梁（跨高比不小于5）	LLk	××	跨高比不小于5的连梁按框架梁设计时采用
暗梁	AL	××	设置在剪力墙楼面和屋面位置，梁宽与墙厚相同
边框梁	BKL	××	设置在剪力墙楼面和屋面位置，梁宽大于墙厚

表 4 - 4　　　　　　　　　　　　　　　　　剪 力 墙 洞 口 编 号

类　　型	代号	序号	特　　征
矩形洞口	JD	××	通常为在内墙墙身或连梁上设置的设备管道预留洞口
圆形洞口	YD	××	

4.1.5　剪力墙平法制图规则

剪力墙平法制图规则是指在剪力墙平面布置图上采用列表注写方式或截面注写方式表达的方法。

一、剪力墙列表注写方式

列表注写方式是分别在剪力墙柱表、剪力墙身表和剪力墙梁表中，对应于剪力墙平面布置图上的编号，用绘制截面配筋图并注写几何尺寸与配筋具体数值的方式，来表达剪力墙平法施工图。

1. 剪力墙身表

现举例说明剪力墙身列表注写方式，见表 4 - 5。

表 4 - 5　　　　　　　　　　　　　　　　　剪 力 墙 身 表

编号	标高	墙厚（mm）	水平分布筋	垂直分布筋	拉筋
Q1（2 排）	−4.000～2.830	250	Φ12@250	Φ12@250	Φ6@500
	2.830～31.130	200	Φ12@250	Φ12@250	Φ6@500
Q2（2 排）	−4.000～2.830	250	Φ10@250	Φ10@250	Φ6@500
	2.830～31.130	200	Φ10@250	Φ10@250	Φ6@500

剪力墙身表中表达的内容说明如下：

（1）注写墙身编号：按表 4 - 2 规定编号。

1）编号时，如若干墙身的厚度尺寸和配筋均相同，仅墙厚与轴线的关系或墙身长度不同时，可将其编为同一墙身号。

2）对于分布钢筋网的排数规定：

①非抗震：当剪力墙厚度大于 160mm 时，应配置双排；当其厚度不大于 160mm 时，宜配置双排。

②抗震：当剪力墙厚度不大于 400mm 时，应配置双排；当其厚度大于 400mm，但不大于 700mm 时，宜配置三排；当剪力墙厚度大于 700mm 时，宜配置四排。

各排水平分布筋和竖向分布筋的直径和根数应保持一致。

当剪力墙配置的分布钢筋多于两排时，剪力墙拉筋两端应同时钩住外排水平纵筋和竖向纵筋，还应与剪力墙内排水平纵筋和竖向纵筋绑扎在一起。

（2）注写各段墙身起止标高，自墙身根部往上以变截面位置或截面未变但配筋改变处为界分段注写。墙身根部标高是指基础顶面标高（如为框支剪力墙结构则为框支梁顶面标高）。

（3）注写水平分布钢筋、竖向分布钢筋和拉筋的具体数值。

注写数值为一排水平分布钢筋和竖向分布钢筋的规格与间距，具体设置几排均在墙身编号后面表达。

这里需要特别指出的是，剪力墙身的拉筋配置需要设计师在剪力墙身表中明确给出其钢筋规格和间距，这和梁侧面纵向构造钢筋的拉筋不需设计师标注是截然不同的。拉筋的间距一般是水平分布钢筋和竖向分布钢筋间距的 2～3 倍。关于拉筋更多问题的讨论见后面的剪力墙身水平钢筋构造内容。

2. 剪力墙柱表

现举例说明剪力墙柱列表注写方式，见表 4-6。

表 4-6　　　　　　　剪　力　墙　柱　表

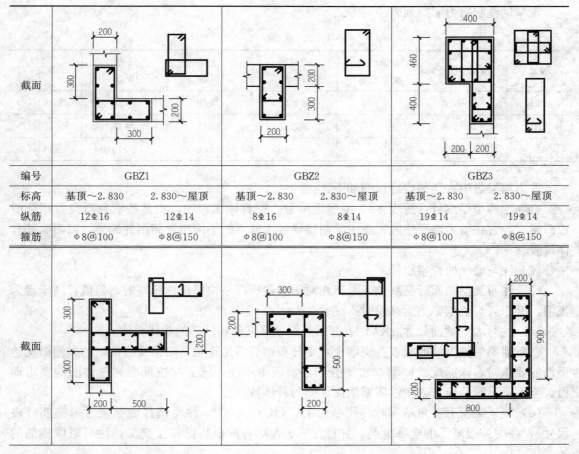

	GBZ1		GBZ2		GBZ3	
编号	GBZ1		GBZ2		GBZ3	
标高	基顶～2.830	2.830～屋顶	基顶～2.830	2.830～屋顶	基顶～2.830	2.830～屋顶
纵筋	12Φ16	12Φ14	8Φ16	8Φ14	19Φ14	19Φ14
箍筋	Φ8@100	Φ8@150	Φ8@100	Φ8@150	Φ8@100	Φ8@150

编号	GBZ4		GBZ5			GBZ6	
标高	基顶～2.830	2.830～屋顶	基顶～ −0.070	−0.070 ～2.830	2.830 ～屋顶	基顶～5.730	5.730～屋顶
纵筋	20Φ16	20Φ14	16Φ18	16Φ16	16Φ14	32Φ16	32Φ14
箍筋	Φ8@100	Φ8@150	Φ8@100	Φ8@100	Φ8@150	Φ8@100	Φ8@150

剪力墙柱表中表达的内容说明如下：

（1）注写墙柱编号：按表 4-1 规定编号。编号时，如若干墙柱的截面尺寸与配筋均相同，仅截面与轴线的关系不同时，可将其编为同一墙柱号。

（2）注写各段墙柱的起止标高，自墙柱根部往上以变截面位置或截面未变但配筋改变处为界分段注写。墙柱根部标高是指基础顶面标高（如为框支剪力墙结构则为框支梁顶面标高）。

（3）注写各段墙柱的纵向钢筋，注写值应与在表中绘制的截面对应一致。纵向钢筋注写总配筋值，墙柱箍筋的注写方式与柱箍筋相同。对于约束边缘构件除注写图集的相应标准构造详图中所示阴影部位内的箍筋外，尚应注写非阴影区内布置的拉筋（或箍筋）。

3. 剪力墙梁表

现举例说明剪力墙梁列表注写方式，见表 4-7。

表 4-7　　　　　　　　　　　剪 力 墙 梁 表

编号	所在楼层号	梁顶相对 标高高差	梁截面 $b×h$	上部 纵筋	下部 纵筋	箍筋
LL1	−1～屋面		200×600	2Φ20	2Φ20	Φ8@100 (2)
LL2	−1～屋面		200×400	2Φ18	2Φ18	Φ8@150 (2)
AL1	−1～屋面		200×400	2Φ16	2Φ16	Φ8@150 (2)

剪力墙梁表中表达的内容说明如下：

（1）注写墙梁编号：按表 4-3 中规定编号。在具体工程中，当某些墙身需设置暗梁或边框梁时，宜在剪力墙平法施工图中绘制暗梁或边框梁的平面布置简图并编号，以明确其具体位置。

（2）注写墙梁所在楼层号。

（3）注写墙梁顶面标高高差，是指相对于墙梁所在结构层楼面标高的高差值，高于者为正值，低于者为负值，当无高差时不注。

（4）注写墙梁截面尺寸 $b×h$，上部纵筋、下部纵筋和箍筋的具体数值。

（5）墙梁侧面纵筋的配置：当墙身水平分布钢筋满足连梁、暗梁及边框梁的梁侧面构造钢筋的要求时，该筋配置同墙身水平分布筋，表中不注，施工时按标准构造详图的要求即可。当不满足时，应在表中注明梁侧面纵筋的具体数值。

（6）当连梁设有对角暗撑时［代号为 LL（JC）××］，注写暗撑截面尺寸（箍筋外皮尺寸）；注写一根暗撑的全部纵筋，并标注×2 表明有两根暗撑相互交叉；注写暗撑箍筋的具体数值。

（7）当连梁设有交叉斜筋时［代号为 LL（JX）××］，注写连梁一侧对角斜筋的配筋值，并标注×2 表明对称设置；注写对角斜筋在连梁端部设置的连梁根数、强度等级及直径，并标注×4 表示四个角部设置；注写连梁一侧折线筋配筋值，并标注×2 表明对称设置。

（8）当连梁设有集中对角斜筋时［代号为 LL（DX）××］，注写一条对角线上的对角斜筋的配筋值，并标注×2 表明对称设置。

（9）跨高比不小于 5 的连梁，按框架梁设计时（代号为 LLk××），采用平面注写方式，注写规则同框架梁，可采用适当比例单独绘制，也可与剪力墙平法施工图合并绘制。

（10）墙梁侧面纵筋的配置，当墙梁水平分布筋满足连梁、暗梁及边框梁侧面纵筋要求时，该筋配置同墙身水平分布筋，表中不注，施工按标准构造详图的要求即可。当墙梁水平分布筋不满足连梁、暗梁及边框梁侧面纵筋要求时，应在表中补充注明梁侧面纵筋的具体数值；当为 LLk 时，平面注写方式以大写字母"N"打头。梁侧面纵筋在支座内锚固要求同连梁中受力钢筋。

二、剪力墙截面注写方式

1. 截面注写方式的一般要求

剪力墙截面注写方式，是在分标准层绘制的剪力墙平面布置图上，直接在墙柱、墙身、墙梁上注写截面尺寸和配筋具体数值，整体表达该标准层的剪力墙平法施工图。

具体操作时，剪力墙平面布置图需选用适当比例放大绘制，墙柱应绘制截面配筋图，其竖向受力纵筋、箍筋和拉筋均应在截面配筋图上绘制清楚。当为约束边缘构件时，由于墙柱扩展部位的水平分布筋和竖向分布筋就是剪力墙的配筋，而仅墙柱扩展部位的拉筋属于约束边缘墙柱配筋，所以墙身也需要绘制钢筋，但墙梁仅需绘制平面轮廓线。当为构造边缘构件时，墙柱应绘制截面配筋图，墙身和墙梁则仅需绘制平面轮廓线。墙洞口需要在平面图上标注其中心的平面定位尺寸。

对所有墙柱、墙身、墙梁和墙洞口，应分别按表 4-1～表 4-4 的规定进行编号，并分别在相同编号的墙柱、墙身、墙梁或墙洞口中选择一根墙柱、一道墙身、一道墙梁或一处洞口进行注写，其他相同者则仅需标注编号及所在层数即可。

2. 剪力墙柱的注写

在选定进行标注的截面配筋图上集中注写以下内容：

（1）墙柱编号：按表 4-1 中规定编号。

（2）墙柱竖向纵筋：××Φ××（注意钢筋强度等级符号：Φ 为 HPB300，Φ 为 HRB335，Φ 为 HRB400，Φ 为 HRB500）。

（3）墙柱核心部位箍筋/墙柱扩展部位拉筋：Φ××@××××/Φ××。

关于截面配筋图集中注写的说明：

（1）墙柱编号的注写：应注意约束边缘构件与构造边缘构件两种墙柱的代号是不同的，其几何尺寸和配筋率应满足现行规范的相应规定。

（2）墙柱竖向纵筋的注写：对于约束边缘构件，所注纵筋不包括设置在墙柱扩展部位的竖向纵筋，该部位的纵筋规格与剪力墙身的竖向分布筋相同，但分布间距必须与设置在该部位的拉筋保持一致，且应小于或等于墙身竖向分布筋的间距。对于构造边缘构件则无墙柱扩展部分。墙柱纵筋的分布情况应在截面配筋图上直观绘制清楚。

（3）墙柱核心部位箍筋与墙柱扩展部位拉筋的注写：墙柱核心部位的箍筋要注写竖向分布筋间距，且应注意采用同一间距（全高加密），箍筋的复合方式应在截面配筋图上直观绘制清楚；墙柱扩展部位的拉筋不注写竖向分布间距，其竖向分布间距与剪力墙水平分布筋的竖向分布间距相同，拉筋应同时钩住该部位的墙身竖向分布筋和水平分布钢筋，拉筋应在截面配筋图上直观绘制清楚。

（4）各种墙柱截面配筋图上应原位加注几何尺寸和定位尺寸。

（5）在相同编号的其他墙柱上可仅注写编号及必要附注。

剪力墙构造边缘转角柱和构造边缘翼墙柱的截面注写示意，见图4-8。

构造边缘转角墙(柱)　　　　　　构造边缘翼墙(柱)

图4-8　构造边缘截面注写示意图

3. 剪力墙身的注写

在选定进行标注的墙身上集中注写以下内容：

（1）墙身编号：按表4-2中规定编号。

（2）墙厚：×××。

（3）水平分布筋：Φ××@×××。

（4）竖向分布筋：Φ××@×××。

（5）拉筋：Φ×@xa@xb 双向（或梅花双向）。

关于剪力墙身的注写说明：

（1）拉筋应在剪力墙身竖向分布筋和水平分布筋的交叉点同时拉住两筋，其间距@xa表示拉筋水平间距为剪力墙竖向分布筋间距 a 的 x 倍；@xb 表示拉筋竖向间距为剪力墙水平分布筋间距 b 的 x 倍，且应注明"双向"或"梅花双向"。

（2）约束边缘构件墙柱的扩展部位是与剪力墙身的共有部分，该部位的水平筋就是剪力墙身的水平分布筋；竖向筋的强度等级和直径按剪力墙身的竖向分布筋，但其间距应小于竖向分布筋的间距，具体间距值对应于墙柱扩展部位设置的拉筋间距。具体操作时按照构造详图执行，设计不注。

（3）在剪力墙平面布置图上应注墙身的定位尺寸，该定位尺寸同时可确定剪力墙柱的定位。在相同编号的其他墙身上可仅注写编号及必要附注。

剪力墙身 Q××（×）的注写示意，见图4-9。

4. 剪力墙梁的注写

在选定进行标注的墙梁上集中注写以下内容：

（1）墙梁编号：按表 4-3 中规定编号。

（2）所在楼层号/（墙梁顶面相对标高高差）：××层至××层/（＋或－×.×××）。

（3）截面尺寸/箍筋（肢数）：$b \times h/\phi \times \times @ \times \times \times (\times)$。

（4）上部纵筋；下部纵筋；侧面纵筋：$\times \Phi \times \times$；$\times \Phi \times \times$；$\phi \times \times @ \times \times$。

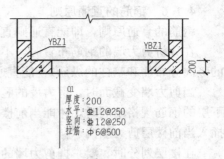

图 4-9　剪力墙身注写示意图

（5）当不同楼层的梁截面尺寸不同，但梁顶面相对标高高差相同时，可将梁顶面标高高差注写在该项（＋或－×.×××）。

关于剪力墙梁的注写说明：

（1）暗梁和边框梁在施工图中，直接用单线画出布置简图。

（2）墙梁顶面相对标高高差，是相对于结构层楼面标高的高差，有高差需注在括号内，无高差则不注。当墙梁高于结构层楼面时为正（＋×.×××），当低于结构层楼面时为负（－×.×××）。当不同楼层的梁截面尺寸不同，但梁顶面相对标高高差相同时，可将梁顶面标高高差注写在最后一项。

（3）当墙梁的侧面纵筋与剪力墙身的水平分布筋相同时，设计不注，施工按标准构造详图执行；当墙梁的侧面纵筋与剪力墙身的水平分布筋不同时，按本书项目 4 中有关注写梁侧面构造纵筋的方式进行标注。

（4）与墙梁侧面纵筋配合的拉筋按构造详图施工，设计不注。当构造详图不能满足具体工程的要求时，设计应补充注明。

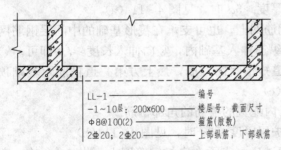

图 4-10　剪力墙梁注写示意图

（5）在相同编号的其他墙梁上可仅注写编号及必要附注。剪力墙梁的注写示意，见图 4-10。

5. 剪力墙洞口的平面注写

（1）洞口编号：矩形洞口为 JD××（××为序号），圆形洞口为 YD××（××为序号）。

（2）洞口几何尺寸：矩形洞口为洞宽×洞高（$b \times h$），圆形洞口为洞口直径（D）。

（3）洞口中心相对标高，系相对于结构层楼面标高的洞口中心高度。当其高于结构层楼面时为正值，反之为负。

（4）洞口每边补强钢筋。

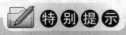

特别提示

暗梁钢筋不与连梁钢筋重叠设置；边框梁宽度大于连梁，但空间位置上与连梁相重叠的钢筋不重叠设置。

4.1.6　钢筋的直通原则

钢筋的直通原则，即能直通则直通，是结构配筋的重要原则。

在分析剪力墙的钢筋布置时，不要忘记这个原则。例如，剪力墙的竖向钢筋（包括墙身的竖向分布筋和暗柱的纵筋），能直通伸到上一层时，则穿越暗梁或边框梁直通到上一层。

当剪力墙变截面时，剪力墙的竖向钢筋也是能直通则直通，直通伸到上一层，只有在上下层的钢筋规格不同时，才能当前楼层的竖向钢筋弯锚插入顶板，而上一层的竖向钢筋直锚插入当前楼层剪力墙内。

在楼层划分时，要掌握剪力墙的变截面概念，不仅剪力墙的端柱和暗柱可能变截面，而且剪力墙身也可能变截面；不仅构件尺寸可能变截面，而且构件的钢筋也可能变截面（变直径）。如果发生了上述任何一种变截面的情况，则该楼层就不能纳入标准楼层。这些情况在工程预算和工程施工中都要充分注意。

4.2　剪力墙柱的钢筋构造

剪力墙柱包括暗柱和端柱，在框架—剪力墙结构中，剪力墙的端柱经常担当框架结构中框架柱的作用，所以端柱的钢筋构造遵循框架柱的钢筋构造，剪力墙中的端柱也类似，也要遵循框架柱的钢筋构造，但是暗柱的钢筋构造与端柱不同，一部分遵循剪力墙身竖向钢筋构造，另一部分遵循框架柱的钢筋构造，这是学习剪力墙柱的难点。

4.2.1　剪力墙柱（边缘构件）插筋在基础中构造

剪力墙柱（边缘构件）插筋在基础内的锚固构造，按照保护层的厚度和基础高度是否满足直锚给出了四种锚固构造，分述如下。

（1）基础高度满足直锚时：

1）当基础高度满足直锚，且插筋保护层厚度＞$5d$ 时，见图 4-11（a）。

角部纵筋伸至基础板底部，支承在底板钢筋网上，也可支承在筏形基础的中间层钢筋网上再做 90°弯钩，弯折段长 $6d$ 且≥150，其余纵筋伸入基础内，竖向伸入长度≥l_{abE} 即可。

锚固区内设置间距≤500mm 且不少于两道矩形封闭箍筋，最上方第一道箍筋距基础顶面标高下方 100mm 处箍筋的形式见图 4-11（c）。

墙柱（边缘构件）角部纵筋指基础锚固区内配置的箍筋的角部钢筋。

2）当基础高度满足直锚，且墙柱插筋保护层厚度≤$5d$ 时，见图 4-11（b）。

所有纵筋伸至基础板底部且竖向伸入长度≥l_{aE}，支承在底板钢筋网上再做 90°弯钩，弯折段长 $6d$ 且≥150。

锚固区横向钢筋（箍筋和拉筋）应满足直径≥$d/4$（d 为插筋最大直径），间距≤$10d$（d 为插筋最小直径）且≤100mm 的要求，最上方第一道横向钢筋距基础顶面标高下方 100mm 处。

（2）基础高度不满足直锚时：

1）当基础高度不满足直锚，且插筋保护层厚度＞$5d$ 时，见图 4-12（a）。

所有纵筋伸至基础板底部，支承在底板钢筋网上，竖向伸入长度≥$0.6l_{abE}$ 且≥$20d$，再做 90°弯钩，弯折段长 $15d$。

锚固区内设置间距≤500mm 且不少于两道矩形封闭箍筋，最上方第一道箍筋距基础顶

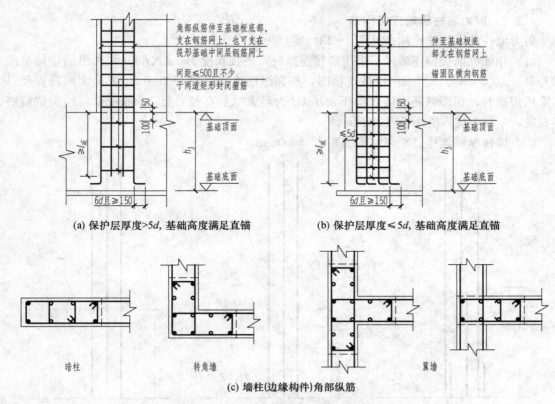

图 4-11　墙柱（边缘构件）插筋在基础中构造（1）

注：图中实心圆圈表示角部钢筋。

面标高下方 100mm 处。

2）当基础高度不满足直锚，且插筋保护层厚度≤5d 时，见图 4-12（b）。

所有纵筋伸至基础板底部，支承在底板钢筋网上，竖向伸入长度≥0.6l_{abE} 且≥20d，再做 90°弯钩，弯折段长 15d。

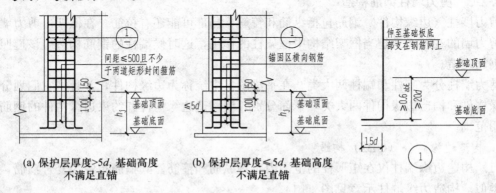

图 4-12　墙柱（边缘构件）插筋在基础中构造（2）

锚固区横向钢筋（箍筋和拉筋）应满足直径≥$d/4$（d 为插筋最大直径），间距≤10d（d 为插筋最小直径）且≤100mm 的要求，最上方第一道横向钢筋距基础顶面标高下方 100mm 处。

4.2.2　剪力墙柱纵筋连接构造

剪力墙柱的纵筋连接构造见图 4-13，要点为：

（1）相邻纵筋交错连接。当采用搭接连接时，搭接长度为 $\geq l_{lE}(l_l)$，相邻纵筋搭接范围错开 $\geq 0.3l_{lE}(0.3l_l)$；当采用机械连接时，相邻纵筋连接点错开 $35d$（d 为最大纵筋直径）；当采用焊接时，相邻纵筋连接点错开 $35d$（d 为最大纵筋直径）且 $\geq 500mm$。（l_{lE} 为抗震搭接长度，l_l 为非抗震搭接长度，下同。）

（2）墙柱纵筋连接点距离结构层底面 $\geq 500mm$。

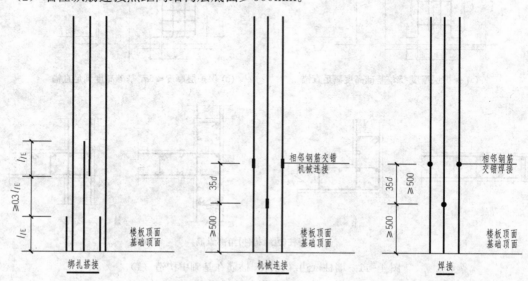

注：1.适用于约束边缘构件阴影部分和构造边缘构件的纵向钢筋。
　　2.当纵筋采用绑扎搭接连接时，应在搭接长度范围内设箍筋直径 $\geq d/4$（d 为搭接钢筋最大直径），间距 $\leq 5d$（d 为搭接钢筋最小直径）及100mm的加密箍筋。

图 4-13　剪力墙边缘构件纵筋连接构造

4.2.3　剪力墙柱钢筋构造

剪力墙柱（边缘构件）钢筋包括纵筋和箍筋，局部可能还有拉筋。在框架—剪力墙结构中，剪力墙的端柱经常担当框架结构中框架柱的作用，这时候端柱的钢筋构造应该遵照框架柱的钢筋构造。

剪力墙柱分为暗柱和端柱两大类，在平法图集中统称为边缘构件，并且把它们划分为约束边缘构件和构造边缘构件两大类，下面分别介绍构造边缘构件和约束边缘构件的钢筋构造及适用范围。

1. 构造边缘构件（GBZ）构造

（1）构造边缘端柱仅在矩形柱的范围内布置纵筋和箍筋。其箍筋布置为复合箍筋，与框架柱类似。构造边缘端柱示意见图 4-14。

（2）构造边缘暗柱构造见图 4-15 左图，其长度必须满足：$\geq$ 墙厚且 $\geq 400mm$。

（3）构造边缘翼墙柱构造见图 4-15 中图，其长度必须满足：$\geq b_w$，$\geq b_f$ 且 $\geq 400mm$。

（4）构造边缘转角墙柱构造见图 4-15 右图，每边长度等于邻边墙厚且 $\geq 200mm$，且总长度 $\geq 400mm$。

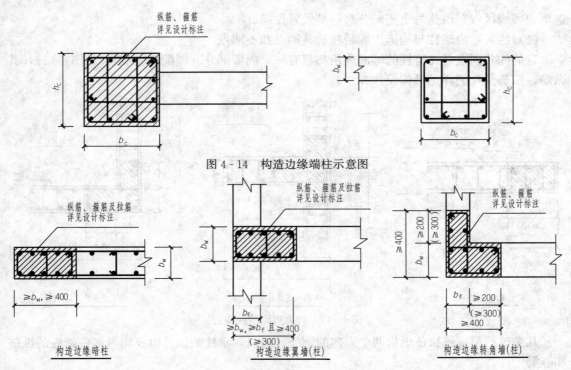

图 4-14　构造边缘端柱示意图

图 4-15　构造边缘暗柱构造

注：1.b_w 为墙宽，b_f 为与 b_w 相垂直的相邻的墙宽。

　　2.高层建筑尚需满足括号内数值。

2. 约束边缘构件（YBZ）构造

（1）约束边缘端柱与构造边缘端柱的共同点和不同点。

它们的共同点是在矩形柱的范围内布置纵筋和箍筋。其纵筋和箍筋布置与框架柱类似，尤其是在框剪结构中端柱往往会兼当框架柱的作用。

它们的不同点是：

1）约束边缘端柱"λ_v 区域"，也就是阴影部分（即配箍区域），不但包括矩形柱的部分，而且伸出一段翼缘，其伸出翼缘的净长度详见设计或图集，见图 4-16。

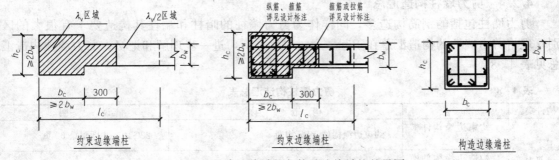

图 4-16　约束边缘端柱与构造边缘端柱的异同

2）与构造边缘端柱不同的是，约束边缘端柱还有一个"$\lambda_v/2$ 区域"，即图中"虚线部分"。这部分的配筋特点为加密拉筋：普通墙身的拉筋是"隔一拉一"或"隔二拉一"，而在这个"虚线区域"内是每个竖向分布筋都设置拉筋。

（2）约束边缘暗柱与构造边缘暗柱的共同点和不同点。

它们的共同点是在暗柱的端部或角部都有一个阴影部分（即配箍区域），见图4-17，其纵筋、箍筋及拉筋详见具体设计标注。

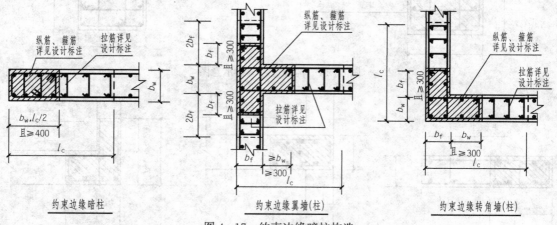

约束边缘暗柱　　　　　　　　约束边缘翼墙（柱）　　　　　　　　约束边缘转角墙（柱）

图4-17　约束边缘暗柱构造

凡是拉筋都应该拉住纵横两个方向的钢筋，所以，暗柱的拉筋也要同时钩住暗柱的纵筋和箍筋。

它们的不同点是：

约束边缘暗柱除了阴影部分（即配箍区域）以外，在阴影部分与墙身之间还存在一个"虚线区域"。这部分的配筋特点为加密拉筋：普通墙身的拉筋是"隔一拉一"或"隔二拉一"，而在这个"虚线区域"内是每个竖向分布筋都设置拉筋。

在实际工程中，在这个虚线区域还可能出现墙身竖向分布筋加密的情况，这样一来，不仅拉筋的根数增加了，而且竖向分布筋根数也增加了。

（3）约束边缘构件的适用范围。

约束边缘构件适用于较高抗震等级剪力墙的较重要部位，其纵筋、箍筋配筋率和形状有较高的要求。设置约束边缘构件和构造边缘构件的范围，参见 GB 50011—2010《建筑抗震设计规范》（2016 年版）第 6.4.5 条。

4.2.4　剪力墙柱构造汇总

剪力墙柱包括的钢筋构造多，同样作为剪力墙柱的暗柱和端柱其构造要求有很大的区别，现将剪力墙柱的构造汇总在一起，通过对比分析，进一步理解和记忆。剪力墙柱构造汇总见表4-8。

表 4-8　　　　　　　　　　　剪力墙柱构造汇总表

构件类型	部　位	构　造　名　称	说　　明
剪力墙柱	约束边缘构件横截面构造	约束边缘构件 YBZ 构造	22G101-1 图集第 80 页
	构造边缘构件横截面构造	构造边缘构件 GBZ 构造	22G101-1 图集第 82 页
	非边缘暗柱、扶壁柱的横截面构造	非边缘暗柱 AZ、扶壁柱 FBZ 构造	22G101-1 图集第 82 页

续表

构件类型	部　位	构　造　名　称	说　　明
剪力墙柱	暗柱（含约束边缘和构造边缘）	顶部构造	22G101-1 图集第 78 页"剪力墙竖向钢筋顶部构造"
		纵筋连接构造	22G101-1 图集第 77 页"剪力墙边缘构件纵筋连接构造（一）"
		基础插筋构造	22G101-3 图集第 65 页
	端柱（含约束边缘和构造边缘）	纵筋与箍筋构造同框架柱	22G101-1 图集第 77 页"注 1"
		基础插筋构造	22G101-3 图集第 65 页
	墙柱箍筋加密	墙柱箍筋一般不设箍筋加密区，但是当纵筋采用绑扎搭接连接时，应在搭接长度范围内设箍筋直径≥$d/4$（d 为搭接钢筋最大直径），间距不大于 100mm 的加密箍筋	22G101-1 图集第 77 页"注 2"

4.3　剪力墙身的钢筋构造

4.3.1　剪力墙身水平分布筋构造

　　剪力墙身的钢筋设置包括水平分布筋、竖向分布筋（即垂直分布筋）和拉筋。这三种钢筋形成了剪力墙身的钢筋网。一般剪力墙身设置两层或两层以上的钢筋网，而各排钢筋网的钢筋直径和间距是一致的。剪力墙身采用拉筋把外侧钢筋网和内侧钢筋网连接起来。如果剪力墙身设置三层或更多层的钢筋网，拉筋还要把中间层的钢筋网固定起来。

　　剪力墙身水平钢筋包括：剪力墙身的水平分布筋、暗梁的纵筋和边框梁的纵筋。剪力墙身的主要受力钢筋是水平分布筋，这里我们只讨论墙身水平分布筋的构造，暗梁的纵筋和边框梁的纵筋另讨论。

　　水平分布筋构造按照一般构造、无暗柱时构造、在暗柱中的构造和在端柱中的构造分别介绍。暗柱和端柱构造又各分三种，见图 4-18。

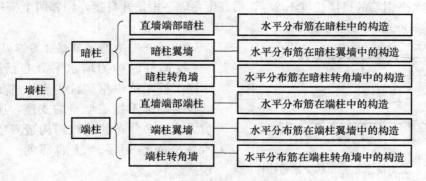

图 4-18　水平分布筋在墙柱中的构造分类图

1. 水平分布筋在剪力墙身中的一般构造

（1）剪力墙多排配筋的构造。

平法图集给出了剪力墙布置两排配筋、三排配筋和四排配筋时的构造，见图 4-19，其特点是：

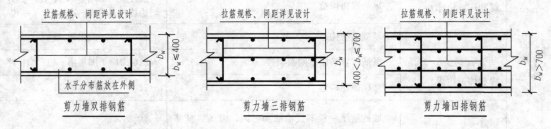

图 4-19　剪力墙身多排配筋时构造

1）剪力墙布置两排配筋、三排配筋和四排配筋的条件为：

当墙厚≤400mm 时，设置两排钢筋网；

当 400mm＜墙厚≤700mm 时，设置三排钢筋网；

当墙厚＞700mm 时，设置四排钢筋网。

2）剪力墙身的各排钢筋网设置水平分布筋和竖向分布筋。

3）由于剪力墙身的水平分布筋放在最外面，所以拉筋连接外侧钢筋网和内侧钢筋网，也就是拉筋钩在水平分布筋的外侧。

📝 特别提示

1. 剪力墙身布置钢筋时，把水平分布筋放在外侧，竖向分布筋放在水平分布筋的内侧。

2. 拉筋要求拉住两个方向上的钢筋，即同时钩住水平分布筋和竖向分布筋。

3. 当剪力墙身设置两排以上钢筋网时，水平分布筋和竖向分布筋要均匀分布，各排钢筋网的钢筋直径和间距要一致，拉筋需与各排分布筋绑扎。

（2）剪力墙水平分布筋的搭接构造。

剪力墙水平钢筋的搭接长度 $1.2l_{aE}$，沿高度每隔一根错开搭接，相邻两个搭接区之间错开的净距离≥500mm，见图 4-20。

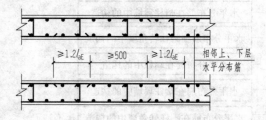

图 4-20　剪力墙水平分布筋交错搭接构造

2. 水平分布筋无暗柱时的锚固构造

无暗柱时剪力墙水平分布筋锚固构造，不同于框架梁以框架柱为支座的锚固，因为墙身的端部不构成墙身的支座，所以可以将剪力墙水平分布筋的锚固构造看成是剪力墙水平分布筋到了墙肢端部的一种"收边"构造。

无暗柱时剪力墙水平分布筋锚固构造，见图 4-21（a）。墙身两侧水平分布筋伸至墙端弯折 10d，墙端部设置双列拉筋。

实际工程中，剪力墙墙肢的端部一般都设置边缘构件（暗柱或端柱），墙肢端部无暗柱

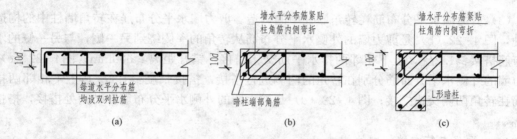

图 4-21　剪力墙端部水平分布筋构造

（a）无暗柱时构造；（b）有暗柱时构造；（c）有 L 形暗柱时构造

情况不多见。

3. 水平分布筋在暗柱中的锚固构造

（1）剪力墙水平分布筋在直墙端部暗柱中的构造，见图 4-21 （b）、（c）。

剪力墙的水平分布筋伸到暗柱端部纵筋的内侧，然后弯折 10d。

（2）剪力墙水平分布筋在翼墙柱中的构造，见图 4-22 （a）。

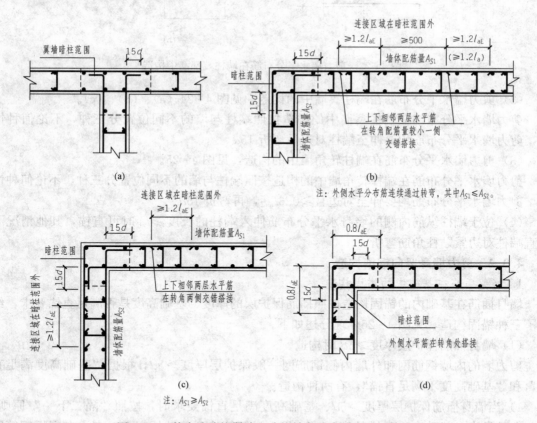

图 4-22　剪力墙暗柱翼墙和暗柱转角墙中的水平钢筋构造

（a）翼墙；（b）转角墙（一）；（c）转角墙（二）；（d）转角墙（三）

端墙两侧的水平分布筋伸至翼墙对边，顶着翼墙暗柱外侧纵筋的内侧弯折 15d。如果剪力墙设置了三排、四排钢筋，则墙中间的各排水平分布筋同上述构造。

（3）剪力墙水平分布筋在转角墙柱中的构造。剪力墙水平分布筋在转角墙柱中的构造有三种，图4-22（b）是剪力墙的外侧水平分布筋从转角的一侧绕到另一侧，与另一侧的水平分布筋搭接≥$1.2l_{aE}$，上下相邻两排水平筋交错搭接，错开距离≥500mm；图4-22（c）是剪力墙的外侧水平分布筋分别在转角的两侧进行搭接，搭接长度≥$1.2l_{aE}$，上下相邻两排水平筋在转角两侧交错搭接；图4-22（d）是剪力墙的外侧水平分布筋在转角处搭接，搭接长度l_{lE}。

4. 水平分布筋在端柱中的构造

（1）剪力墙水平分布筋在端柱直墙中的构造，见图4-23（a）、（b）。

当剪力墙端柱两侧凸出墙宽时，水平分布筋伸至端柱对边后弯折$15d$；当端柱一侧与墙平齐时，水平分布筋伸至端柱对边且≥$0.6l_{abE}$，再弯折$15d$。

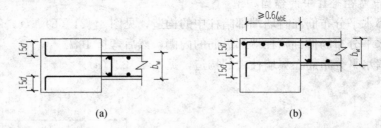

图4-23　剪力墙水平分布筋在端柱端部墙中构造

（2）剪力墙水平分布筋在端柱翼墙中的构造，见图4-24（a）、（b）、（c）。

剪力墙水平分布筋在端柱翼墙中的构造按照端柱与墙的不同位置分三种，不论何种情况，剪力墙水平分布筋均要伸至端柱对边后弯折$15d$。

（3）剪力墙水平分布筋在端柱转角墙中的构造，见图4-25。

剪力墙水平分布筋在端柱转角墙中的构造按照端柱与墙的不同位置分三种，不论何种情况，剪力墙水平分布筋均要伸至对边且≥$0.6l_{abE}$，再弯折$15d$。

（4）位于端柱纵筋内侧的墙身水平分布筋伸入端柱的长度≥l_{aE}时可直锚，其他情况下伸直端柱对边紧贴柱角筋弯折。

4.3.2　剪力墙身竖向钢筋构造

1. 墙身插筋在基础中的锚固构造

墙身插筋在基础内的锚固构造按照插筋保护层的厚度、基础高度是否满足直锚要求，给出了三种锚固构造，见图4-26，现分述如下。

（1）墙身插筋保护层厚度>$5d$时构造。

剪力墙的内墙钢筋网和外墙内侧钢筋网一般保护层厚度>$5d$，根据"基础高度满足直锚"和"基础高度不满足直锚"，有两种构造。

1）当墙身插筋保护层厚度>$5d$、基础高度满足直锚要求时，按照"隔二下一"原则，2/3的钢筋伸入基础内，直锚长度≥l_{aE}，另1/3钢筋伸至基础板底部，支承在底板钢筋网上，也可支承在筏形基础的中间层钢筋网上，再弯折$6d$且≥150mm。

2）当墙身插筋保护层厚度>$5d$、基础高度不满足直锚要求时，所有插筋伸至基础板底部，支承在底板钢筋网上，竖向伸入基础长度≥$0.6l_{abE}$且≥$20d$，再弯折$15d$，见图4-27。

3）锚固区设置间距≤500mm且不少于两道水平分布筋与拉筋。

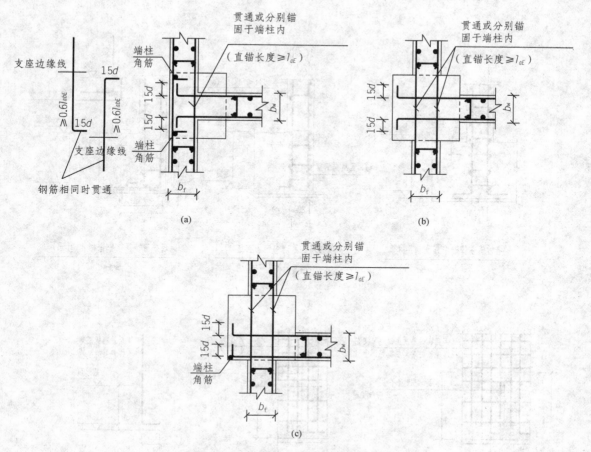

图 4-24　剪力墙水平分布筋在端柱翼墙中构造

(a) 端柱翼墙 (一)；(b) 端柱翼墙 (二)；(c) 端柱翼墙 (三)

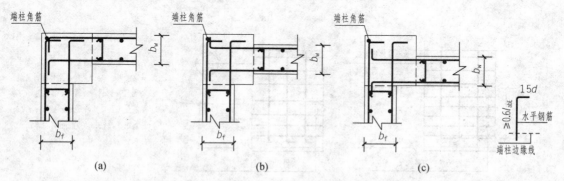

图 4-25　剪力墙端柱转角墙中的水平钢筋构造

(a) 端柱转角墙 (一)；(b) 端柱转角墙 (二)；(c) 端柱转角墙 (三)

(2) 墙身插筋保护层厚度≤5d 时构造。

剪力墙的外墙外侧钢筋网有时保护层厚度≤5d，根据"基础高度满足直锚"和"基础高度不满足直锚"，有两种构造。

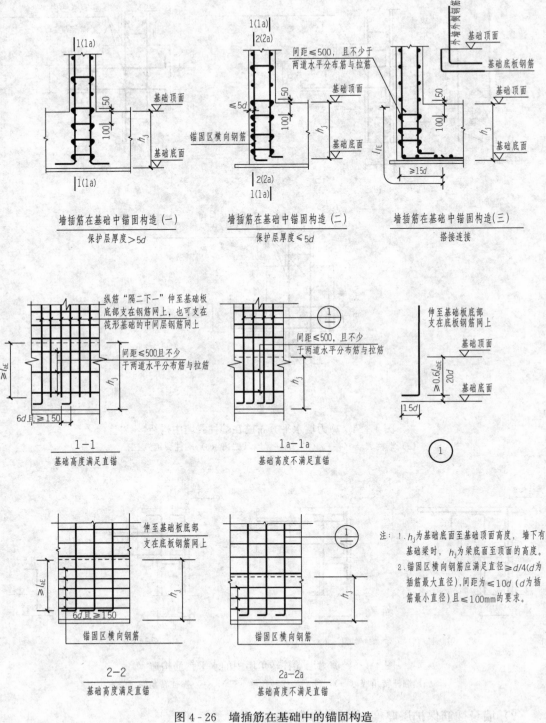

图 4-26　墙插筋在基础中的锚固构造

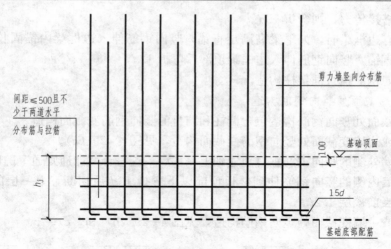

图 4-27　墙插筋在基础中构造纵向立面示意图
（保护层厚度＞5d，基础高度不满足直锚）

1）当墙身插筋保护层厚度≤5d、基础高度满足直锚要求时，所有钢筋伸至基础板底部，支承在底板钢筋网上，竖向伸入基础长度≥l_{aE}，再弯折 6d 且≥150mm。

2）当墙身插筋保护层厚度≤5d、基础高度不满足直锚要求时，所有插筋伸至基础板底部，支承在底板钢筋网上，竖向伸入基础长度≥$0.6l_{abE}$且≥20d，再弯折 15d。

3）锚固区设置横向钢筋，应满足直径≥d/4（d 为纵筋最大直径），间距≤10d（d 为纵筋最小直径）且≤100mm。

（3）搭接连接构造。

外墙外侧钢筋在基础内可以采用与底板钢筋搭接锚固构造，搭接长度≥l_{lE}，且外墙外侧钢筋伸至基础底板底部后弯折≥15d。

2. 剪力墙竖向钢筋顶部构造

剪力墙竖向钢筋顶部构造包括暗柱纵筋和墙身竖向分布筋构造，见图 4-28。

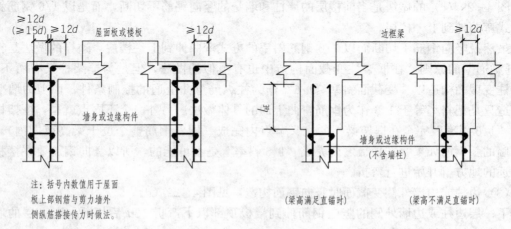

图 4-28　剪力墙竖向钢筋顶部构造

剪力墙竖向钢筋伸入屋面板或楼板顶部后弯折 12d。如果是外墙外侧钢筋，考虑屋面板上部钢筋与其搭接传力，则弯折 $15d$。

当顶部设有边框梁时，如果梁高满足直锚，竖向钢筋伸入边框梁内锚固长度为 l_{aE}；如果梁高不满足直锚，竖向钢筋伸入边框梁顶部后弯折 $12d$。

端柱的竖向钢筋执行框架柱构造。

3. 剪力墙变截面处竖向钢筋构造

剪力墙变截面处竖向钢筋构造包含墙柱和墙身的竖向钢筋变截面构造。

（1）边柱或边墙变截面处竖向钢筋变截面构造，见图 4 - 29（a）。

边柱或边墙外侧的竖向钢筋垂直地通到上一楼层，这符合"能通则通"的原则。

边柱或边墙内侧的竖向钢筋伸到楼板顶部以下弯折 $12d$ 后切断，上一层的墙柱和墙身竖向钢筋插入当前楼层 $1.2l_{aE}$。

（2）中柱或中墙变截面处竖向钢筋构造，见图 4 - 29（b）和（c）。

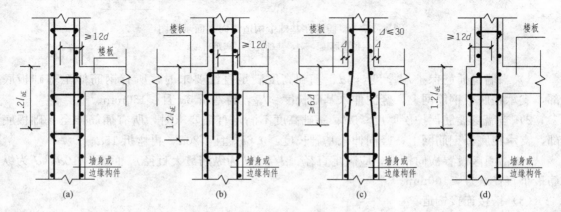

图 4 - 29　剪力墙变截面处竖向钢筋构造

图 4 - 29（b）的构造做法为当前楼层的墙柱和墙身的竖向钢筋伸到楼板顶部以下然后弯折 $12d$ 后切断，上一层的墙柱和墙身竖向钢筋插入当前楼层 $1.2l_{aE}$（$1.2l_a$）。

图 4 - 29（c）的做法是当前楼层的墙柱和墙身的竖向钢筋不切断，而是以 1/6 钢筋斜率的方式弯曲伸到上一楼层。

虽然说竖向钢筋不切断而以 1/6 钢筋斜率的方式弯曲伸到上一楼层，这样的做法是符合"能通则通"的原则，在框架柱变截面构造中也有类似的做法，但是与框架柱又有所不同。框架柱变截面构造以"变截面斜率≤1/6"作为柱纵筋弯曲上通的控制条件，而剪力墙变截面构造只是把斜率等于 1/6 作为钢筋弯曲上通的具体做法。另外一个不同点就是：框架柱纵筋的"1/6 斜率"完全在框架梁柱的交叉节点内完成（即斜钢筋整个位于梁高范围内），但剪力墙的斜钢筋如果要在楼板之内完成"1/6 斜率"是不可能的，所以竖向钢筋要在楼板下方很远的地方就开始进行弯折。

（3）边柱或边墙外侧变截面时竖向钢筋构造，见图 4 - 29（d）。

下一层边柱或边墙外侧的竖向钢筋伸到楼板顶部以下弯折 $12d$ 后切断，上一层的墙柱和墙身竖向钢筋插入当前楼层 $1.2l_{aE}$。

（4）上下楼层竖向钢筋规格发生变化时的构造：

上下楼层的竖向钢筋规格发生变化，我们不妨称之为"钢筋变直径"。此时的构造做法是：当前楼层的墙柱和墙身的竖向钢筋伸到楼板顶部以下弯折到对边切断，上一层的墙柱和墙身竖向钢筋插入当前楼层 $1.2l_{aE}$。

4. 剪力墙竖向钢筋连接构造

剪力墙身竖向钢筋连接构造适用于暗柱和墙身竖向分布筋，图 4 - 30 中以三种钢筋连接方式表示构造要求，其要点为：

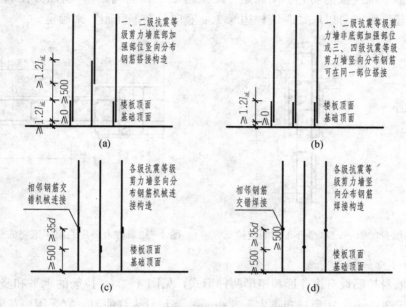

图 4 - 30　剪力墙身竖向分布钢筋连接构造

（1）一、二级抗震等级剪力墙底部加强部位竖向分布筋搭接长度为 $\geqslant 1.2l_{aE}$，交错搭接，相邻搭接点错开净距离 500，见图 4 - 30（a）。

（2）各级抗震等级或非抗震剪力墙竖向分布筋第一个连接点距楼板顶面或基础顶面 $\geqslant 500$，相邻钢筋交错连接，错开距离 35d，见图 4 - 30（b）。

（3）各级抗震等级或非抗震剪力墙竖向分布筋第一个连接点距楼板顶面或基础顶面 $\geqslant 500$，相邻钢筋交错连接，错开距离 35d 且 $\geqslant 500$，见图 4 - 30（c）。

（4）一、二级抗震等级剪力墙非底部加强部位，或三、四级抗震等级剪力墙竖向分布筋可在同一部位搭接，搭接长度为 $\geqslant 1.2l_{aE}$，见图 4 - 30（d）。

5. 端柱竖向钢筋构造

端柱竖向钢筋和箍筋构造与框架柱相同，其内容见框架柱 KZ 纵向钢筋连接构造、框架柱 KZ 边柱和角柱柱顶纵向钢筋构造、框架柱 KZ 中柱柱顶纵向钢筋构造、框架柱 KZ 变截面纵向钢筋构造和框架柱 KZ 箍筋加密区范围。

4.3.3　剪力墙身钢筋排布构造

1. 剪力墙身水平钢筋排布构造

剪力墙层高范围最下一排水平分布筋距底部楼板板顶 50mm，最上一排水平分布筋距顶部楼板板顶不大于 100mm，见图 4 - 31（a）；当顶板处设有宽度大于剪力墙厚度的边框梁时，最上一排水平分布筋距边框梁底部 100mm，见图 4 - 31（b）。

2. 剪力墙身竖向钢筋排布构造

在暗柱内不布置剪力墙身竖向分布筋。

剪力墙身的第一道竖向分布筋的起步距离在18G901-1中表示为"距墙柱最外侧主筋中心竖向分布筋间距"，见图4-32，但是施工现场进行钢筋排布时，确定墙柱最外侧主筋的位置比较麻烦，参考现浇板钢筋起步距离是"距梁边1/2板筋间距"，所以方便起见，第一根竖向分布筋的起步距离可以取"距墙柱边缘1/2竖向分布筋间距"来确定。

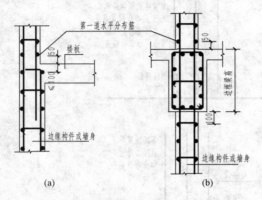

图4-31　剪力墙身的第一道水平分布筋的定位　　　图4-32　剪力墙身的第一道竖向分布筋的定位

3. 剪力墙身拉筋排布构造

（1）剪力墙身拉筋设有梅花形和矩形两种形式，见图4-33。拉筋的水平和竖向间距：梅花形排布不大于800mm，矩形排布不大于600mm；当设计未注明时，宜采用梅花形排布。

（2）拉筋排布：在层高范围内，由底部板顶向上第二排水平分布筋处开始设置，至顶部板底向下第一排水平分布筋处终止；在墙身宽度范围内，由第一排竖向分布筋开始设置。位于边缘构件范围内的水平分布筋也应设置拉筋。拉筋直径≥6mm。

（3）墙身拉筋应同时钩住水平分布筋和竖向分布筋。当墙身分布筋多于两排时，拉筋应与墙身内部的每排水平和竖向分布筋同时牢固绑扎。

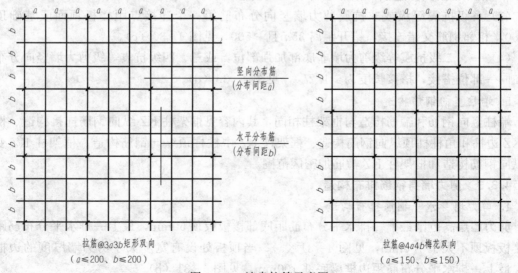

图4-33　墙身拉筋示意图

4.4　剪力墙梁的钢筋构造

4.4.1　剪力墙暗梁构造

剪力墙暗梁的钢筋种类包括纵向钢筋、箍筋、拉筋和暗梁侧面的水平分布筋。

1. 暗梁的布置

暗梁对剪力墙有阻止开裂的作用，是剪力墙的一道水平线性加强带。暗梁一般设置在剪力墙靠近楼板底部的位置，就像砖混结构的圈梁一样。

暗梁是剪力墙的一部分，所以，暗梁纵筋不存在锚固的问题。

暗梁的概念不能与剪力墙洞口补强暗梁混为一谈。剪力墙洞口补强暗梁的纵筋仅布置在洞口两侧 l_{aE} 处，而暗梁的纵筋贯通整个墙肢。剪力墙洞口补强暗梁仅在洞口范围内布置箍筋，从洞口侧壁 50mm 处开始布置第一个箍筋，而暗梁的箍筋在整个墙肢范围内都要设置。

2. 暗梁的纵筋

由于暗梁纵筋是布置在剪力墙身上的水平钢筋，因此执行剪力墙身水平分布筋构造。

从暗梁的基本概念可以知道，暗梁的长度是整个墙肢，所以暗梁纵筋应贯通整个墙肢。暗梁纵筋在墙肢端部的收边构造是弯 $10d$ 直钩。

（1）暗梁纵筋在暗柱中的构造。

1）剪力墙暗梁纵筋在端部暗柱墙中的构造，见图 4 - 34（a），剪力墙的暗梁纵筋伸到暗柱端部纵筋的内侧，然后弯 $10d$ 直钩。

2）剪力墙暗梁纵筋在翼墙柱中的构造见图 4 - 34（b），墙端部的暗梁纵筋伸至翼墙对边，顶着暗柱外侧纵筋的内侧后弯钩 $15d$。

（2）暗梁纵筋在端柱中的构造。

1）当端柱凸出墙面之外时，暗梁纵筋构造见图 4 - 34（c），端柱的箍筋处于"特外层次"，即处在水平分布筋之外。此时箍筋角部的端柱纵筋也处在水平分布筋之外，但是，暗梁的纵筋处在水平分布筋和暗梁箍筋之内，所以，暗梁纵筋伸至端柱纵筋内侧后弯 $15d$ 的直钩。当伸至对边长度 $\geqslant l_{aE}$ 时可不设弯钩。

2）当端柱外侧面与墙身平齐时，暗梁纵筋构造见图 4 - 34（d），剪力墙外侧水平分布筋从端柱外侧绕过端柱。此时的水平分布筋与端柱箍筋处在第一层次，竖向分布筋、暗梁箍筋和端柱外侧纵筋处在第二层次，而暗梁纵筋是处在第三层次。所以，暗梁的纵筋也是在端柱纵筋之内伸入端柱。暗梁外侧纵筋绕过端柱，内侧纵筋伸至端柱对边之后弯 $15d$ 的直钩，当伸至对边长度 $\geqslant l_{aE}$ 时可不设弯钩。

3. 暗梁的箍筋

暗梁的箍筋沿墙肢方向全长布置，而且是均匀布置，不存在箍筋加密区和非加密区。

（1）暗梁箍筋中线宽。

暗梁箍筋的尺寸和位置，不仅与工程预算有关，而且与工程施工有关。我们首先分析一下暗梁箍筋宽度计算的算法。

暗梁箍筋的宽度计算不能和框架梁箍筋宽度计算那样用梁宽度减两倍保护层厚度，其主要区别在于框架梁的保护层是针对梁箍筋，而暗梁的保护层（和墙身一样）是针对水平分布筋的，见图 4 - 35。

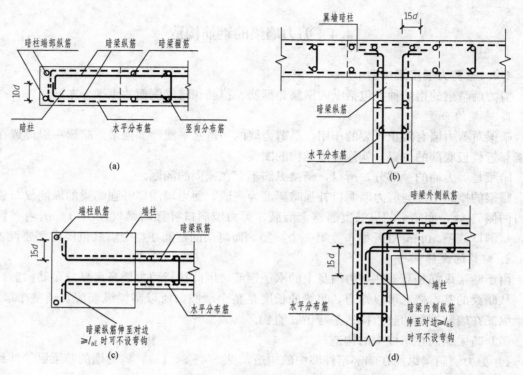

图 4-34　暗梁纵筋构造

（a）暗梁纵筋在暗柱中的构造；（b）暗梁纵筋在翼墙柱中的构造；
（c）端柱凸出墙面时暗梁纵筋构造；（d）端柱外侧与墙面平齐时暗梁纵筋构造

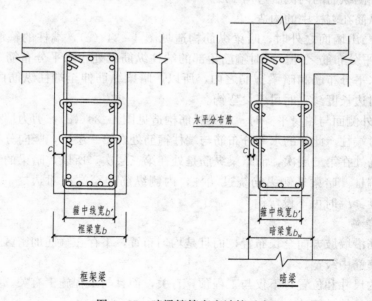

图 4-35　暗梁箍筋宽度计算示意

现对框架梁箍筋中线宽度和暗梁箍筋中线宽度做对比，进一步理解暗梁箍筋的尺寸和位置。

框架梁箍筋中线宽 b' 的计算公式：

框架梁箍筋中线宽 b'＝梁宽－2×梁保护层厚度－箍筋直径

暗梁箍筋中线宽 b' 的计算公式：

暗梁箍筋中线宽 b'＝墙厚－2×墙保护层厚度－2×水平筋直径－箍筋直径

（2）暗梁箍筋高度。

关于暗梁箍筋的高度计算，这是一个颇有争议的问题。由于暗梁的上方和下方都是混凝土墙身，所以不存在面临一个保护层的问题。因此，在暗梁箍筋高度计算中，是采用暗梁的标注高度尺寸直接作为暗梁箍筋的高度，还是需要把暗梁的标注高度减去保护层厚度？根据一般的习惯，人们往往采用下面的计算公式：

箍筋高度 h ＝ 暗梁标注高度－2×保护层厚度

（3）暗梁箍筋根数。

暗梁箍筋的分布规律，不但影响箍筋根数的计算，而且直接影响钢筋的绑扎。前面说过，暗梁在墙肢的全长布置箍筋，但这只是一个宏观的说法，在微观上，暗梁箍筋将如何分布呢？从施工方便、计算钢筋方便考虑，可取距暗柱边缘起为暗梁箍筋间距 1/2 的地方布置暗梁的第一根箍筋。

4. 暗梁的拉筋

施工图中的"剪力墙梁表"主要定义暗梁的上部纵筋、下部纵筋和箍筋，不定义拉筋的规格和间距。而拉筋的直径和间距可从图集中获得。

拉筋直径：当梁宽≤350mm 时为 6mm，梁宽＞350mm 时为 8mm，拉筋间距为 2 倍箍筋的间距，竖向沿侧面水平筋"隔一拉一"。

暗梁拉筋的计算同剪力墙身拉筋。

5. 暗梁侧面纵筋

暗梁侧面构造钢筋当设计未注写时，按剪力墙水平分布筋布置。墙身水平分布筋按其间距在暗梁箍筋的外侧布置，见图 4-36。在暗梁上部纵筋和下部纵筋的位置上不需要布置水平分布筋。

6. 墙身竖向分布筋穿越暗梁构造

墙身竖向分布筋穿越暗梁构造见图 4-36。剪力墙的暗梁不是剪力墙身的支座，暗梁本身是剪力墙的加强带。所以，当每个楼层的剪力墙顶部设置有暗梁时，剪力墙竖向钢筋不能锚入暗梁；如果当前层是中间楼层，则剪力墙竖向钢筋穿越暗梁直伸入上一层；如果当前层是顶层，则剪力墙竖向钢筋应该穿越暗梁锚入现浇板内。

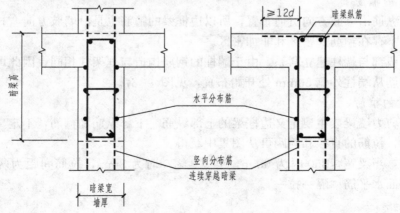

图 4-36　竖向分布筋穿越暗梁构造

4.4.2　剪力墙边框梁构造

剪力墙边框梁的钢筋种类包括：纵向钢筋、箍筋、拉筋和边框梁侧面的水平分布筋。

1. 边框梁的布置

边框梁与暗梁有很多共同之处，它也是剪力墙的一部分，边框梁纵筋不存在"锚固"的问题，只有"收边"的问题。

2. 边框梁的纵筋

（1）虽说"框架梁延伸入剪力墙内，就成为剪力墙中的边框梁"，但是边框梁的钢筋设置还是与框架梁大不相同。框架梁的上部纵筋分为上部通长筋、非贯通纵筋和架立筋等，但边框梁的上部纵筋和下部纵筋都是贯通纵筋；框架梁的箍筋分为箍筋加密区和非加密区，但边框梁的箍筋沿墙肢方向全长均匀布置。

（2）边框梁一般都与端柱发生联系，而端柱的竖向钢筋和箍筋构造与框架柱相同，所以，边框梁纵筋与端柱纵筋之间的关系也可以参考框架梁纵筋与框架柱纵筋的关系。这也就是说，边框梁纵筋在端柱纵筋之内伸入端柱。

（3）边框梁纵筋伸入端柱的长度，不同于框架梁纵筋在框架柱的锚固构造，因为端柱不是边框梁的支座，它们都是剪力墙的组成部分。边框梁纵筋在端柱的锚固构造见图 4-37，其要点为：边框梁纵筋伸至端柱对边后弯折 $15d$；当伸至对边长度 $\geqslant l_{aE}$ 且 $\geqslant 600mm$ 时可不必弯折。

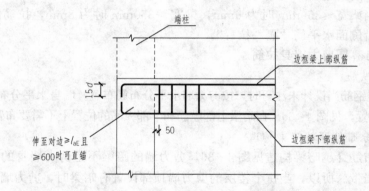

图 4-37　边框梁纵筋端部和箍筋构造

3. 边框梁的箍筋

边框梁的纵筋沿墙肢方向贯通布置，所以边框梁的箍筋也是沿墙肢方向全长布置，而且是均匀布置，不存在箍筋加密区和非加密区。

边框梁一般都与端柱建立联系。由于端柱的钢筋构造与框架柱相同，因此可以认为边框梁的第一个箍筋从端柱外侧 50mm 处开始布置，见图 4-37。

4. 边框梁的拉筋

施工图中剪力墙梁表主要定义边框梁的上部纵筋、下部纵筋和箍筋，不定义拉筋的规格和间距，所以，拉筋的直径和间距可从图集中获得。

拉筋直径：当梁宽≤350 时为 6mm，梁宽＞350 时为 8mm，拉筋间距为两倍箍筋的间距，竖向沿侧面水平筋"隔一拉一"。

5. 边框梁侧面纵筋

边框梁侧面水平分布筋（墙身水平分布筋）按其间距在边框梁箍筋的内侧通过，当设计未注写时，侧面构造钢筋同剪力墙水平分布筋。边框梁侧面纵筋的拉筋要同时钩住边框梁的箍筋和水平分布筋。在边框梁上部纵筋和下部纵筋的位置上不需要布置水平分布筋。

4.4.3　剪力墙连梁构造

连梁 LL 的配筋在剪力墙梁表中进行定义，包括连梁的编号、梁高、上部纵筋、下部纵筋、箍筋、侧面纵筋和相对标高等。

剪力墙连梁的钢筋种类包括：纵向钢筋、箍筋、拉筋和墙身水平钢筋。

剪力墙连梁构造见图 4 - 38。

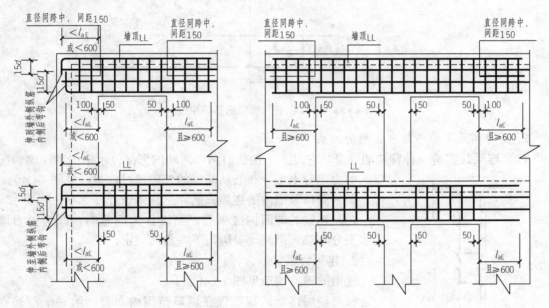

图 4 - 38　剪力墙连梁构造

1. 连梁的纵筋

相对于整个剪力墙（含墙柱、墙身、墙梁）而言，基础是其支座，但相对于连梁而言，其支座就是墙柱和墙身。所以，连梁的钢筋设置（包括连梁的纵筋和箍筋的设置）具备"有支座"构件的某些特点，与梁构件有些类似。

连梁以暗柱或端柱为支座，连梁主筋锚固起点应当从暗柱或端柱的边缘算起。连梁主筋锚入暗柱或端柱的锚固方式和锚固长度为：

（1）直锚的条件和直锚长度：

当端部洞口连梁的纵向钢筋在端支座（暗柱或端柱）的直锚长度 $\geqslant l_{aE}$ 且 $\geqslant 600\text{mm}$ 时可不必弯锚，而是直锚。

（2）弯锚的条件和弯锚长度：在连梁端部当暗柱或端柱的长度小于钢筋的锚固长度时需要弯锚，连梁主筋伸至暗柱或端柱外侧纵筋的内侧后弯钩 15d。

（3）连梁纵筋与暗梁纵筋的相接。连梁 LL 遇到暗梁 AL 时，连梁 LL 的纵筋与暗梁 AL

的纵筋互锚（不是搭接），即互相在对方体内锚固一个 l_{aE}（锚固长度从连梁 LL 与暗梁 AL 的分界线算起）。

例如：图 4-39 中的暗梁 AL1 与连梁 LL1 直通，连梁 LL1 与暗梁 AL1 的分界线是转角暗柱的外边缘线。连梁 LL1 的纵筋伸过这条边界线锚入暗梁 AL1 一个 l_{aE} 的长度，而暗梁 AL1 的纵筋也要伸过这条边界线锚入连梁 LL1 一个 l_{aE} 的长度。

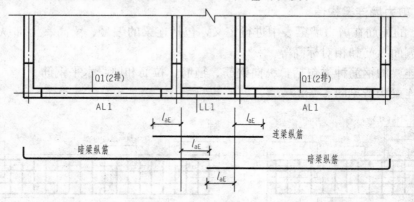

图 4-39　连梁纵筋与暗梁纵筋的相接

2. 剪力墙水平分布筋与连梁的关系

（1）连梁其实是一种特殊的墙身，它是上下楼层窗洞口之间的那部分水平的窗间墙。所以，剪力墙身水平分布筋从暗梁的外侧通过连梁，见图 4-40。

（2）洞口范围内的连梁箍筋详见具体设计。

（3）连梁的侧面构造纵筋，当设计未注写时，即为剪力墙的水平分布筋，但同时要满足下一条的规定。

3. 连梁的箍筋

连梁的箍筋构造见图 4-40。

（1）楼层连梁的箍筋仅在洞口范围内布置，第一个箍筋在距支座边缘 50mm 处设置。

图 4-40　连梁示意图

（2）顶层连梁的箍筋在全梁范围内布置，洞口范围内的第一个箍筋在距支座边缘 50mm 处设置；支座范围内的第一个箍筋在距支座边缘 100mm 处设置，在"连梁表"中定义的箍筋直径和间距指的是跨中的间距，而支座范围内箍筋间距就是 150mm（设计时不必标注）。

4. 连梁的拉筋

剪力墙梁表主要定义连梁的上部纵筋、下部纵筋和箍筋，不定义拉筋的规格和间距。而拉筋的直径和间距可从图集题注中获得。

拉筋直径：当梁宽≤350mm 时为 6mm，梁宽＞350mm 时为 8mm，拉筋间距为 2 倍箍筋的间距，竖向沿侧面水平筋"隔一拉一"。

4.5　剪力墙洞口补强构造

这里所说的"洞口"是指剪力墙身上开的小洞，它不是指众多的门窗洞口。在剪力墙结构中门窗洞口左右有墙柱、上下有连梁，已经得到了加强。

剪力墙洞口钢筋种类包括补强钢筋或补强暗梁纵向钢筋、箍筋和拉筋。

4.5.1 剪力墙洞口的表示方法

1. 剪力墙洞口标示的内容

剪力墙洞口标示的内容包括：

(1) 洞口编号：矩形洞口：JD××，例如，JD2；

圆形洞口：YD××，例如，YD3。

(2) 洞口尺寸：矩形洞口以宽×高（$b×h$）（mm）表示，例如，1800×2100；

圆形洞口以直径 D 表示，例如，$D=300$。

(3) 洞口中心相对标高（m）：例如+1.800，表示洞口中心比本结构层楼面高出1800mm。

(4) 洞口每边补强钢筋：

1) 当矩形洞口的洞宽、洞高均不大于800mm时，注写洞口每边补强钢筋的具体数值（如果按照标准构造详图设置补强钢筋时可不注）。

例如：JD2 400×300+3.100 3Φ14，表示2号矩形洞口洞宽400mm，洞高300mm，洞口中心距当前楼层结构标高高出3100mm，洞口每边补强钢筋为3Φ14。

2) 当矩形洞口的洞宽或直径大于800mm时，在洞口的上下边需设置补强暗梁，此项注写为洞口上、下每边暗梁的纵筋与箍筋的具体数值（在标准构造详图中梁高一律为400mm，施工时按照标准构造详图取值，设计不注。当设计采用与此不同做法时另行注明）。圆形洞口时尚需注明环向钢筋的具体数值。

例如：JD5 1800×2100+1.800 6Φ20 Φ8@150，表示5号矩形洞口洞宽1800mm，洞高2100mm，洞口中心距当前楼层结构标高高出1800mm，洞口上下设补强暗梁，每边暗梁纵筋共6Φ20（上部3Φ20；下部3Φ20），箍筋为Φ8@150。

2. 洞口标注

在剪力墙平面布置图的墙身或连梁的洞口位置上，注写洞口编号JD1（矩形洞口）或YD1（圆形洞口）。

4.5.2 洞口处的钢筋截断

剪力墙遇到洞口时，水平分布筋和竖向分布筋在洞口处弯折绕过加强筋，再与对边直钩交错绑在一起，见图4-41。

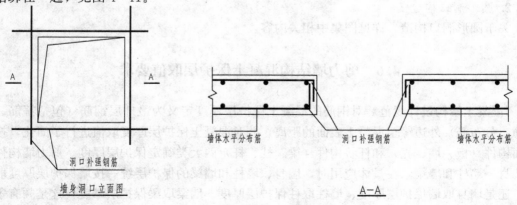

图4-41 剪力墙洞口钢筋截断构造

4.5.3 剪力墙洞口构造

剪力墙洞口构造分为矩形洞口构造和圆形洞口构造。

1. 矩形洞口构造

矩形洞宽和洞高均不大于 800mm 时，洞口补强钢筋构造见图 4-42。

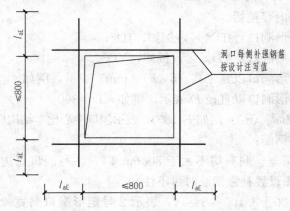

图 4-42 剪力墙洞口补强钢筋构造（1）

矩形洞宽和洞高均大于 800mm 时，洞口补强钢筋构造见图 4-43。

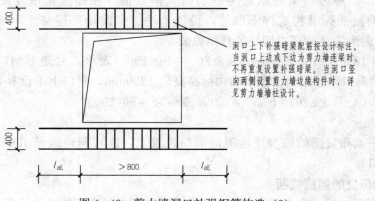

图 4-43 剪力墙洞口补强钢筋构造（2）

2. 圆形洞口构造

关于圆形洞口构造，详见图集中相关内容。

4.6 剪力墙结构混凝土保护层取值要求

《混凝土结构设计规范》对钢筋的混凝土保护层厚度定义为最外层钢筋（包括箍筋、构造筋、分布筋）外边缘至混凝土表面的距离，并对混凝土保护层厚度取值进行了简化，按照平面构件（板、墙、壳）和杆状构件（梁、柱、杆）两大类确定保护层厚度。剪力墙构件包括墙身、墙柱和墙梁，在具体应用时，墙身、墙柱和墙梁的保护层统一按墙保护层厚度取值呢，还是墙身取墙保护层厚度、墙柱取柱保护层厚度、墙梁取梁保护层厚度？这是颇有争议的问题，各种版本的平法书、各种钢筋计算软件取值都不同。

要搞清这个问题，首先来学习规范。《混凝土结构设计规范》第 8.2.1 条第一款为："构件中受力钢筋的保护层厚度不应小于钢筋的公称直径 d"。在条文说明第 8.2.1 条第一款提到："混凝土保护层厚度不小于受力钢筋直径（单筋的公称直径或并筋的等效直径）的要求，是为了保证握裹层混凝土对受力钢筋的锚固"。第四款提到"根据混凝土碳化反应的差异和构件的重要性，按平面构件（板、墙、壳）及杆状构件（梁、柱、杆）分两类确定保护层厚度"。一般情况下，梁、柱受力钢筋直径较大，而板、墙受力钢筋直径较小，所以平面构件的保护层厚度比杆状构件保护层厚度小 5mm 或 10mm。

基于以上分析，本书中剪力墙保护层厚度按照表 4-9 取值。

表 4-9　　　　　　　　　　　剪力墙保护层厚度取值要求

构　　件		保护层厚度取值	备　　注
墙身		按墙取值	
墙柱	端柱	按柱取值	应用普通柱钢筋计算公式
	暗柱		
墙梁	连梁	按墙取值	先求墙梁箍筋保护层厚度，再应用普通梁钢筋计算公式
	暗梁		
	边框梁	按梁取值	应用普通梁钢筋计算公式

4.7　剪力墙识图操练

4.7.1　剪力墙身识图操练

我们将通过剪力墙身的平法施工图，绘制墙身截面钢筋排布图，以进一步深入掌握剪力墙的平法知识，提高剪力墙施工图的识读能力。

1. 剪力墙 Q1 施工图

在某住宅楼的工程施工图中截取了 Q1 的平法施工图，见图 4-44。

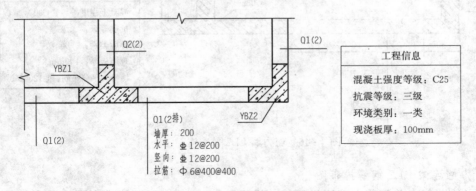

图 4-44　剪力墙 Q1 平法施工图

2. 剪力墙 Q1 钢筋排布图

应用平法图集中关于剪力墙身水平分布筋在转角墙处连接构造，绘制 Q1 水平截面钢筋排布图，见图 4-45。

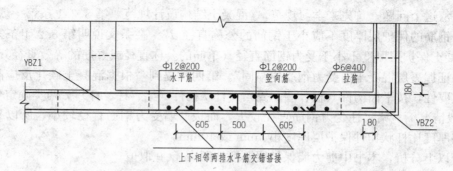

图 4-45　剪力墙 Q1 水平截面钢筋排布图

3. 关键部位钢筋长度计算

剪力墙 Q1 关键部位钢筋长度计算，见表 4-10。

表 4-10　　　　　　　　　　关键部位钢筋长度计算表　　　　　　　　　　mm

位　置	钢筋长度计算	备　注
水平分布筋搭接长度	$1.2l_{aE}=1.2\times42\times12=605$	参见 22G101-1
暗柱内弯折 15d	$15d=15\times12=180$	第 75 页转角墙（一）

4.7.2　剪力墙连梁的识图操练

我们将通过剪力墙连梁 LL2 的平法施工图，绘制 LL2 立面钢筋排布图和截面钢筋排布图。

1. 剪力墙连梁 LL2 施工图

在某住宅楼的工程施工图中截取了 LL2 的平法施工图，见图 4-46。

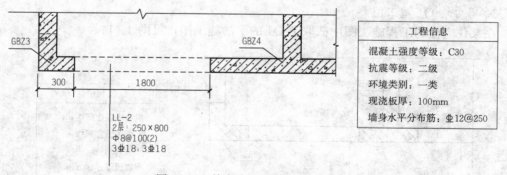

图 4-46　剪力墙 LL2 平法施工图

2. 剪力墙连梁 LL2 钢筋排布图

应用平法图集中关于剪力墙连梁配筋构造，绘制 LL2 立面钢筋排布图和截面钢筋排布图，见图 4-47。

3. 关键部位钢筋长度计算

剪力墙混凝土保护层厚度 $c_w=15$，LL2 关键部位钢筋长度计算，见表 4-11。

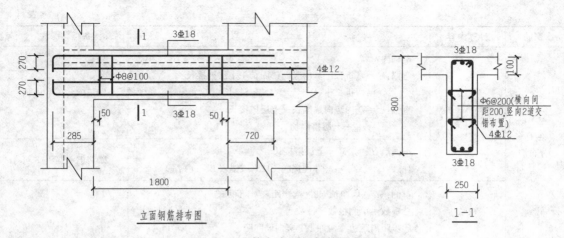

图 4 - 47 剪力墙 LL2 钢筋排布图

表 4 - 11   关 键 部 位 钢 筋 计 算   mm

位　　置	钢筋长度计算	备　　注
伸入端支座后平直段长度	$\max(600,l_{aE})=\max(600,40\times18)=$ $720>h-c=300-15=285$，弯锚	参见 22G101 - 1 第 83 页
伸至墙外侧纵筋内侧后弯钩 15d	$15d=15\times18=270$	
中间支座	$l_{aE}=40\times18=720$，且$\geqslant600$，取大值 为 720	
连梁侧面水平纵筋根数	$n=$（梁高－板厚）/水平筋间距－1＝ $(800-100)/250-1=2$（根）	参见 22G101 - 1 第 17 页第 3.2.5 条

4.8 剪力墙钢筋计算操练

4.8.1 剪力墙钢筋计算公式

1. 墙身钢筋计算公式

一般民用建筑的剪力墙身钢筋直径为 $10\sim14$ mm，由于直径偏小，钢筋多采用绑扎搭接的连接方式，现按照绑扎搭接连接方式列出墙身水平分布筋、竖向分布筋和拉筋的长度和根数计算公式，见表 4 - 12。

表 4 - 12   墙身钢筋计算公式表

钢筋	计算内容	计算公式	备　　注
水平 分布筋	长度	$L=$墙净长＋锚固长度 或 $L=$墙长$-2\times$墙c＋左弯折长＋右弯折长	22G101 - 1 第 75、76 页
	根数	基础内单侧： $n=\max\{2,[(h_{j}-100-基c)/500+1]\}$	22G101 - 3 第 64 页
		各楼层单侧：$n=$（层高－50）/间距＋1 当内侧、外侧钢筋长度相同时，总根数＝单侧根数×排数	
		起步距离距楼面 50（mm）	G901 - 1

钢筋	计算内容		计 算 公 式	备　　注
竖向分布筋	长度		基础内： 弯锚：$L=$弯折长＋基内竖向锚固长＋上层搭接长 　　　　$=$弯折长＋(h_j-c_j)＋上层搭接长 直锚：$L=$基内竖向锚固长＋上层搭接长 　　　　$=l_{aE}$＋上层搭接长	22G101-3 第 64 页
			中间层：$L=$层高＋上层搭接长 顶层：$L=$层高$-c-$非连接区$+12d$（或锚入 BKL 内 l_{aE}）	22G101-1 第 78 页
	根数		单侧：$n=$（墙净长$-2\times$起步距离）/间距$+1$ 总根数$=$单侧根数$\times$排数 起步距离距边缘构件 1/2 竖向筋间距	
拉筋	长度		见表 4-13 剪力墙箍筋和拉筋长度计算公式表	
	根数		拉筋为矩形布置时： $n=$净墙面积/（横向间距$\times$竖向间距） 拉筋为梅花形布置时： $n=2\times$[净墙面积/（横向间距$\times$竖向间距）]	这是近似公式，当墙身尺寸较小时，只能画出样图，一一数出来

2. 暗柱钢筋计算公式

剪力墙结构中的端柱执行框架柱的钢筋构造，所以端柱的钢筋计算同框架柱，这里只讨论暗柱的钢筋计算。

暗柱钢筋包括纵筋和箍筋，有时可能有拉筋，其计算公式见表 4-13。

表 4-13　　　　　　　　　　　　　暗柱钢筋计算公式表

钢筋	部位或内容		计 算 公 式	备　　注
纵筋	基础层		基础内： 弯锚：$L=$弯折长＋基内竖向锚固长＋上层搭接长 　　　　$=$弯折长＋(h_j-c_j)＋上层搭接长 直锚：$L=$基础内竖向锚固长＋上层搭接长 　　　　$=l_{aE}$＋上层搭接长	22G101-3 第 65 页；计算搭接长度时 d 取相连钢筋较小直径
	中间层		$L=$层高＋上层搭接长	
	顶层		$L=$层高$-c-$非连接区$+12d$（或锚入 BKL 内 l_{aE}）	
箍筋	长度		见表 3-12 柱箍筋长度计算公式表	
	根数	基础层	$n=\max\{2,[(h_j-100-c_j)/500+1]\}$	采用绑扎搭接时，应在搭接长度范围内设箍筋直径$\geqslant d/4$（d 为搭接钢筋最大直径），间距$\leqslant100$的加密箍筋
		各层	机械连接、焊接时：$n=$（层高-50）/间距$+1$	
			绑扎搭接连接时： $n=$绑扎区域加密箍筋数＋非加密箍筋数 绑扎区域加密箍筋数$=2.3l_{lE}/100+1$ 非加密箍筋数$=$（层高$-2.3l_{lE}-50$）/间距	
单肢箍	长度		见表 3-7 柱箍筋长度计算公式表	
	根数		根数同箍筋	

3. 连梁（暗梁）箍筋长度计算公式

连梁和暗梁与普通梁不同，普通梁的保护层是针对箍筋而言的，而连梁（暗梁）的保护层是针对位于连梁（暗梁）侧面的水平分布筋而言的。连梁（暗梁）从外向内的顺序为：保护层→水平分布筋→箍筋→墙梁纵筋，见图 4 - 48（a）。这里只推导连梁（暗梁）箍筋的长度计算公式，边框梁钢筋计算公式参照普通梁公式。

连梁（暗梁）考虑抗震时，箍筋长度：

$$L = 2[(b-2c-2d_水)+(h-2c)]+2 \times 弯钩长$$
$$= 2(b+h)-8c+2\max(12.9d,75+2.9d)-4d_水$$
$$= 2(b+h)-8c+\max(25.8d,150+5.8d)-4d_水$$

故箍筋的长度计算公式：

$$L = 2(b+h)-8c+\max(25.8d,150+5.8d)-4d_水 \tag{4-1}$$

式中　$d_水$——水平分布筋直径。

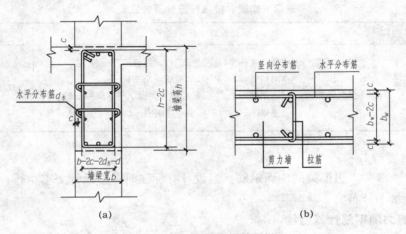

图 4 - 48　箍筋和拉筋图样

不同箍筋直径情况下连梁（暗梁）箍筋长度的计算公式见表 4 - 14。

连梁（暗梁）箍筋根数计算公式同普通梁。

4. 拉筋长度计算公式

GB 50666—2011《混凝土结构工程施工规范》的第 5.3.6 条规定：箍筋、拉筋的末端应按设计要求作弯钩，并应符合下列规定：

拉筋用作剪力墙、楼板等构件中拉结筋时，两端弯钩可采用一端 135°另一端 90°，弯折后平直段长度不应小于拉筋直径的 5 倍。

剪力墙的连梁和暗梁配置侧面钢筋时，拉筋要同时钩住侧面钢筋和箍筋，并在端部做135°的弯钩，见图 4 - 48（a），则拉筋的长度：

$$L = b-2c+2d+2 \times 弯钩长$$
$$= b-2c+2d+2 \times 7.9d$$

上式整理后，拉筋的长度计算公式为：

$$L = b-2c+17.8d \tag{4-2}$$

不同拉筋直径情况下拉筋长度的计算公式见表 4-14。

表 4-14 剪力墙箍筋和拉筋长度计算公式表　　　　　　　　mm

箍筋或拉筋	适用范围	钢筋直径 d	箍筋（拉筋）长度计算公式	备注
连梁和暗梁的箍筋	抗震	$d=8，10，12$	$L=2(b+h)-8c+25.8d-4d_水$	保护层厚度按墙取值
		$d=6$	$L=2(b+h)-8c+150+5.8d-4d_水$	
	非抗震		$L=2(b+h)-8c+15.8d-4d_水$	
连梁、暗梁和墙身的拉筋			$L=b-2c+17.8d$	

注　表中公式不适用于端柱、暗柱和边框梁。

连梁（暗梁）拉筋根数计算公式见表 4-15。

表 4-15 连梁（暗梁）拉筋根数计算公式表

钢筋	计算内容	计算公式	备注
拉筋	根数	横向根数：$n=$（洞口宽-2×起步距离）/2×箍筋间距+1 　　　　　　$=$（洞口宽-2×50）/2×箍筋间距+1 竖向根数：$n=$（连梁高-上、下保护层厚）/侧面水平筋间距-1 　　　　　　$=$（连梁高-2c）/侧面水平筋间距-1	22G101-1 第 83 页

5. 墙梁侧面钢筋

关于连梁、暗梁、边框梁的侧面钢筋，当设计有标注时，按设计要求执行；当无设计标注时，同墙身水平分布筋。

4.8.2　剪力墙钢筋计算操练

剪力墙平法施工图见图 4-49，工程信息见表 4-16。要求计算 Q2、GBZ1、LL3 的钢筋工程量。

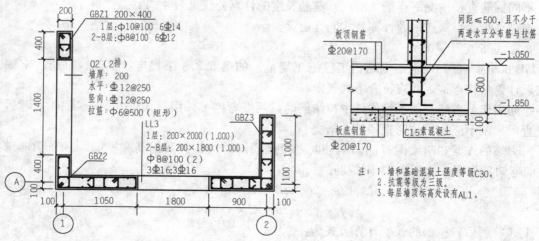

图 4-49　剪力墙平法施工图

表 4 - 16　　　　　　　　　工 程 信 息 表

层号	墙顶标高(m)	层高(m)
8	29.650	3.6
7	26.050	3.6
6	22.450	3.6
5	18.850	3.6
4	15.250	3.6
3	11.650	3.6
2	8.050	3.6
1	4.450	4.5
基础	−1.050	基顶到一层地面1.0

剪力墙、基础混凝土强度等级为 C30,抗震等级为三级,基础保护层厚度为 40mm,现浇板厚为 100mm。钢筋直径 $d \leqslant 14mm$ 时采用绑扎搭接,$d > 14mm$ 时采用焊接。结构一层高度为 $4.5 + 1.0 = 5.5(m)$

1. Q2 钢筋计算

计算步骤如下：

第一步：画 Q2 水平分布筋和竖向分布筋简图，见图 4 - 50，水平分布筋一端锚固在直墙暗柱内，另一端锚固在转角墙内。

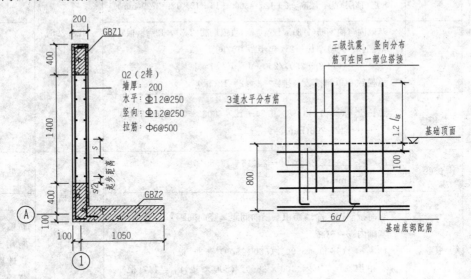

图 4 - 50　Q2 钢筋简图

第二步：计算内侧水平分布筋长度和根数。

第三步：计算外侧水平分布筋长度和根数。本例中内外侧钢筋长度相同，但是很多情况下内外侧钢筋长度不同，外侧水平分布筋或者在转角一侧交错搭接，或者在转角两侧交错搭接，或者在转角处搭接，均要与内侧钢筋分开计算。

第四步：计算过程汇总成表，见表 4 - 17。

表 4 - 17　　　　　　　　　　**Q2 钢 筋 计 算 表**

钢筋名称	计算内容	计 算 式	长度(m)	备注
水平 分布筋 Φ12@250	长度	墙 $c=15\text{mm}$ $L=$墙净长＋锚固长度＝墙长－2×墙 $c+10d+15d$ $\quad=400+1400+500-2×15+25×12=2570\text{(mm)}$	704.180	内外侧水平 筋长度相同
	根数	因 $h_j=800\text{(mm)}>l_{aE}=37d=37×12=444\text{(mm)}$，基础高度 满足直锚，故在 l_{aE} 范围内布置横向钢筋。 基础内：$n=\max\{2,[(444-100-40)/500+1]\}=2\text{(根)}$ 1 层：$n=$（层高－50）/间距＋1＝(5500-50)/250+1=23(根) 2～8 层：$n=(3600-50)/250+1=16\text{(根)}$ 总根数＝单侧根数×排数＝(2+23+16×7)×2=274(根)		
竖向 分布筋 Φ12@250	长度	基础层：因保护层厚度＞5d，且 $h_j=800\text{(mm)}>l_{aE}=37×12$ $=444\text{(mm)}$，故采用墙插筋在基础中锚固构造（一），弯折长度为 $\max(6d,150)=\max(72,150)=150\text{(mm)}$。 弯锚：$L=$弯折长＋$(h_j-$基 $c)$＋上层搭接长 $\quad\quad=150+(800-40)+1.2×444=1443\text{(mm)}$ 直锚：$l_{aE}+1.2l_{aE}=2.2×444=977\text{(mm)}$ 1 层：$L=$层高＋上层搭接长 ＝5500+1.2×444=6033(mm) 2～7 层：$L=6×(3600+1.2×444)=24\,797\text{(mm)}$ 8 层(顶层)：$L=$层高－$c+12d=3600-15+12×12=3729\text{(mm)}$	428.296	本 工 程 抗 震 等 级 为 三 级，故竖向分 布筋可在同 一部位搭接
	根数	基础内弯锚钢筋(1/3)×12＝4 根，直锚钢筋(2/3)×12＝8(根) 单侧：$n=$（墙净长－2×起步距离）/间距＋1 $\quad\quad=(1400-250)/250+1=6\text{(根)}$ 总根数＝单侧根数×排数＝6×2=12(根)		
	总长度	总长度＝$(4×1443+8×977)+12×(6033+24\,797+3729)$ $\quad\quad=428\,296\text{(mm)}$		
拉筋 φ6@500	长度	$L=b-2c+17.8d=200-2×15+17.8×6$ $\quad=277\text{(mm)}$	50.968	见表 4 - 13
	根数	双向拉筋：$n=$净墙面积/（横向间距×竖向间距） 基础内：$n=6\text{(根)}$ 1 层：$n=(1400×5500)/(500×500)=31\text{(根)}$ 2～8 层：$n=7×[(1400×3600)/(500×500)]=147\text{(根)}$ 总根数＝6+31+147=184(根)		基 础 内 拉 筋根数少，不 能用近似公 式计算，要画 草图一一数 出来

合计长度：Φ12：1132.476m；φ6：50.968m
合计质量：Φ12：1005.639kg；φ6：11.315kg

注　1. 计算钢筋根数时，每个商取整数，只入不舍。

　　2. 质量＝长度×钢筋单位理论质量。

2. GBZ1 钢筋计算

计算步骤如下：

第一步：画 GBZ1 钢筋简图，见图 4 - 51。GBZ1 是直墙暗柱，保护层厚度按柱取值 $c=20mm$。

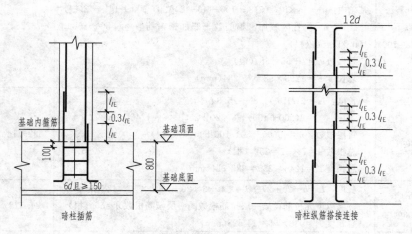

图 4 - 51 GBZ1 钢筋简图

第二步：计算暗柱纵筋。

第三步：计算暗柱箍筋。

第四步：计算暗柱拉筋。

第五步：计算过程汇总成表，见表 4 - 18。

表 4 - 18 **GBZ1 钢 筋 计 算 表**

钢筋	计算部位	计 算 式	长度（m）	备注
纵筋	1 层及以下 6⏀14	因保护层＞5d，h_j=800（mm）＞l_{aE}=37×14=518（mm），所以采用墙柱插筋在基础中锚固构造（a），共有 4 个角部纵筋弯锚，2 个非角部纵筋直锚。 弯折长度：max(6d，150)=max(6×14，150)=150（mm） 搭接长：l_{lE}=52×14=728（mm） 基内竖向锚固长=h_j－基 c－基 d_x－基 d_y=800－40－20－20 =720（mm） 弯锚：L=4×（150＋800－40－2×20）＋2×2.3×728＋2×728 =8285（mm） 直锚：L=2×518＋728＋2.3×728=3438 一层：L=层高＋上层搭接长=6×（5500＋728）=37 368（mm）	49.091	22G101 - 3 第 65 页、 22G101 - 1 第 77 页
	2～7 层 6⏀12	l_{lE}=52×12=624（mm） L=层高＋上层搭接长=6×6×（3600＋624）=152 064（mm）	171.974	d 取相连钢筋较小直径
	8 层 6⏀12	顶层纵筋伸到顶部弯折 12d 顶层：L=层高－c＋12d－钢筋起点高度 =6×（3600－20＋12×12）－3×1.3×624=19 910（mm）		

钢筋	计算部位	计 算 式	长度（m）	备注
箍筋	1 层及以下 $\phi10@100$	长度：$L = 2(b+h) - 8c + 25.8d$ 　　　　$= 2(200+400) - 8\times20 + 25.8\times10 = 1298\text{(mm)}$ 基础内：$n = \max\{2,[(518-100-40-2\times20)/500+1]\} = 2\text{(根)}$ 　1 层：$n =$ 绑扎区域加密箍筋数 + 非加密箍筋数 $= (5500-50)/100+1 = 56$（根） 总根数 $n = 2+56 = 58$（根） 总长度 $L = 1298\times58 = 75\,284\text{(mm)}$	75.284	d 取相连钢筋较小直径
	2~8 层 $\phi8@100$	长度：$L = 2(b+h) - 8c + 25.8d$ 　　　　$= 2(200+400) - 8\times20 + 25.8\times8 = 1246\text{(mm)}$ 每层根数：$n = (3600-50)/100+1 = 37$（根） 总根数 $n = 7\times37 = 259$（根） 总长度 $L = 1246\times259 = 322\,714\text{(mm)}$	322.714	
单肢箍	1 层 $\phi10@100$	长度：$L = b - 2c + 27.8d = 200 - 2\times20 + 27.8\times10 = 438\text{(mm)}$ 一层以下无拉筋，故一层拉筋根数同一层箍筋根数 $n = 56$（根） 总长度 $L = 438\times56 = 24\,528\text{(mm)}$	24.528	
	2~8 层 $\phi8@100$	长度：$L = b - 2c + 27.8d = 200 - 2\times20 + 27.8\times8 = 388\text{(mm)}$ 根数同箍筋 $n = 259$（根） 总长度 $L = 388\times259 = 98\,938\text{(mm)}$	98.938	

合计长度：$\phi14$：49.091m；$\phi12$：171.974m；$\phi10$：99.866m；$\phi8$：421.652m

合计质量：$\phi14$：51.302kg；$\phi12$：152.713kg；$\phi10$：61.617kg；$\phi8$：166.553kg

注　1. 计算钢筋根数时，每个商取整数，只入不舍。

　　　2. 质量＝长度×钢筋单位理论质量。

3. LL3 钢筋计算

计算步骤

第一步：画 LL3 钢筋简图，见图 4-52。连梁保护层厚度按墙取值 $c = 15\text{mm}$，保护层针对墙身水平分布筋而言。

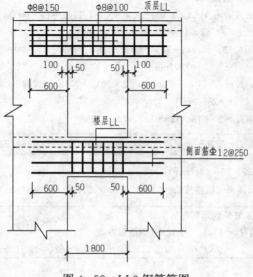

$\phi8@150$　　　$\phi8@100$　　　顶层 LL

100　50　50　100

600　　　600

楼层 LL

侧面筋 $\phi12@250$

600　50　50　600

1800

图 4-52　LL3 钢筋简图

第二步：计算连梁纵筋。

第三步：计算连梁箍筋。

第四步：计算连梁侧面筋。

第五步：计算连梁拉筋。

第六步：计算过程汇总成表，见表 4-19。

表 4-19　　　　　　　　　　　　LL3 钢 筋 计 算 表

钢筋	计算内容	计 算 式	长度(m)	备注
纵筋	1～8 层 上下纵筋 各 3 ⏀ 16	左右锚固长： $\max(l_{aE}, 600) = \max(l_{aE} = 37 \times 16 = 592, 600) = 600(mm)$ $L = $ 洞口宽 + 左锚固长 + 右锚固长 $\quad = 1800 + 600 + 600 = 3000(mm)$ 总长度 $L = 8 \times 6 \times 3000 = 144\,000(mm)$	144.000	
箍筋	1 层 200×2000 ⏀8@100	长度：$L = 2(b+h) - 8c + 25.8d - 4d_{水}$ $\quad = 2 \times (200 + 2000) - 8 \times 15 + 25.8 \times 8 - 4 \times 12$ $\quad = 4438(mm)$ 根数：$n = ($洞口宽 $-2 \times 50)/$间距 $+1$ $\quad = (1800 - 100)/100 + 1 = 18($根$)$ 总长度 $L = 18 \times 4438 = 79\,884(mm)$	79.884	
	2～8 层 200×1800 ⏀8@100	长度：$L = 2 \times (200 + 1800) - 8 \times 15 + 25.8 \times 8 - 4 \times 12$ $\quad = 4038(mm)$ 2～7 层根数：$n = 6 \times 18 = 108($根$)$ 8 层根数：$n = 2 \times ($锚固区根数$) +$ 洞口范围根数 $\quad = 2 \times (600 - 100)/150 + (1800 - 100)/100 + 1$ $\quad = 2 \times 4 + 18 = 26($根$)$ 总长度 $L = (108 + 26) \times 4038 = 541\,092(mm)$	541.092	每个区段内箍筋根数取整数后再继续计算
侧面筋	按水平分布筋确定： ⏀12@250	$\max(l_{aE}, 600) = \max(l_{aE} = 37 \times 12 = 444, 600) = 600(mm)$ 长度：$L = $ 洞口宽 + 左锚固长 + 右锚固长 $\quad = 1800 + 600 + 600 = 3000(mm)$ 一侧根数：$n = ($连梁高 $-2c)/$水平筋间距 -1 1 层一侧：$n = (2000 - 2 \times 15)/250 - 1 = 7($根$)$ 2～8 层一侧：$n = (1800 - 2 \times 15)/250 - 1 = 6($根$)$ 总根数 $n = 2 \times (7 + 7 \times 6) = 98($根$)$ 总长度 $L = 98 \times 3000 = 294\,000(mm)$	294.000	
拉筋	⏀6	长度：$L = b - 2c + 17.8d = 200 - 2 \times 15 + 17.8 \times 6$ $\quad = 277(mm)$ 横向根数：$n = ($洞口宽 $-2 \times 50)/2 \times$ 箍筋间距 $+1$ $\quad = (1800 - 2 \times 50)/2 \times 100 + 1 = 10($根$)$ 竖向根数：$n = ($连梁高 $-2c)/$水平筋间距 -1 1 层：$n = (2000 - 2 \times 15)/250 - 1 = 7($根$)$ 2～8 层：$n = [(1800 - 2 \times 15)/250 - 1] \times 7 = 42($根$)$ 总根数 $n = (7 + 42) \times 10 = 490($根$)$ 总长度 $L = 490 \times 277 = 135\,730(mm)$	135.730	见 22G101-1 第 83 页

钢筋	计算内容	计　算　式	长度(m)	备注
合计长度：$\Phi16$：144.000m；$\Phi12$：294.000m；$\phi8$：620.976m；$\phi6$：135.730m				
合计质量：$\Phi16$：227.232kg；$\Phi12$：261.072kg；$\phi8$：245.286kg；$\phi6$：30.132kg				

注 1. 计算钢筋根数时，每个商取整数，只入不舍。

　　　2. 质量＝长度×钢筋单位理论质量。

实 操 题

图 4-53 是剪力墙平法施工图，请绘制 Q1 的水平截面钢筋排布图并计算钢筋；绘制 LL3 的立面钢筋排布图和截面钢筋排布图，并计算钢筋（混凝土强度等级：C30；抗震等级：三级；环境类别：一类）。

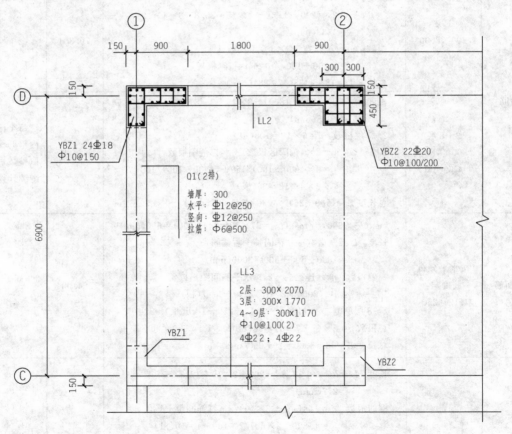

图 4-53　剪力墙平法施工图

项目 5

梁平法识图与钢筋计算

本项目相关资源

看一看、想一想

图 5-1 和图 5-2 是框架梁钢筋的实景照片。请仔细观察框架梁与框架柱的连接节点部位钢筋构造，观察框架梁的箍筋、箍筋加密和非加密范围，梁中钢筋所在位置不同，名称不同，你能说出几种钢筋？

图 5-1　框架梁钢筋

图 5-2　梁内吊筋

5.1　梁的平法设计规则

5.1.1　梁的分类

梁是房屋结构中重要的水平构件，它对楼板起水平支撑作用，同时又将荷载传递到墙或柱。梁由于位置不同，所起的作用不同，配筋构造也不同。梁的分类以及梁内钢筋分类，见图 5-3。

1. 梁分类

在房屋结构中，由于梁的位置不同，所起的作用不同，其受力机理也不同，因而其构造要求也不同。在梁的平法图集中，梁按照楼面框架梁 KL、屋面框架

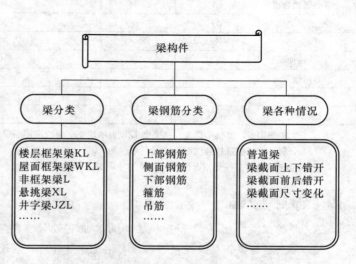

图 5-3　梁、梁钢筋、梁的各种情况分类

梁 WKL、非框架梁 L、悬挑梁 XL、井字梁 JZL 等进行分类，应用平法构造时，注意区分。

2. 梁钢筋分类

梁中钢筋大致分为上部钢筋、侧面钢筋、下部钢筋、箍筋、吊筋，在各种梁中又有具体的详称，这些将在以后的内容中具体介绍。

3. 梁的各种情况

梁按房屋结构是否考虑抗震分为抗震和非抗震情况；梁在中间楼层还是在顶层，其受力机理有很大不同，考虑这个因素又分为楼层框架梁和屋面框架梁。一根梁在某个部位由于受力不同或考虑其他因素，可能会有变截面尺寸、变钢筋根数或直径的情况。梁在各种情况下会有不同的构造要求，这是学习平法的重点和难点。

5.1.2　梁平面布置图

设计梁平法施工图的第一步，是按梁的标准层绘制梁平面布置图。设计者可以采用平面注写方式或截面注写方式，直接在梁平面布置图上表达梁的设计信息，一根梁标准层的全部设计内容可在一张图纸上全部表达清楚。实际应用时，以平面注写方式为主，截面注写方式为辅。

在梁平法施工图中，要求放入结构层楼面标高及层高表，以便明确指明本图所表达梁标准层所在层数，以及提供梁顶面相对标高高差的基准标高。

除注明单位者外，梁平法施工图中标注的尺寸以毫米（mm）为单位，标高以米（m）为单位。

5.1.3　梁编号规定

在梁平法施工图中，各种类型的梁均应按照表 5-1 的规定编号，同时，对相应的标准构造详图亦标注编号中的相同代号。梁编号中的代号不仅可以区别不同类型的梁，还将作为信息纽带，使梁平法施工图与相应标准构造详图建立明确的联系，使平法梁施工图中表达的设计内容与相应的标准构造详图合并构成完整的梁结构设计。

表 5-1　　　　　　　　　　　　　　　　　梁 编 号 规 定

梁类型	代号	序号	跨数（××）、一端悬挑（××A）、两端悬挑（××B）
楼层框架梁	KL	××	(××)、(××A)、(××B)
楼层框架扁梁	KBL	××	(××)、(××A)、(××B)
屋面框架梁	WKL	××	(××)、(××A)、(××B)
框支梁	KZL	××	(××)、(××A)、(××B)
托柱转换梁	TZL	××	(××)、(××A)、(××B)
非框架梁	L	××	(××)、(××A)、(××B)
井字梁	JZL	××	(××)、(××A)、(××B)
悬挑梁	XL	××	

注　1. 平法图集中，非框架梁 L、井字梁 JZL 表示端支座为铰接；当非框架梁 L、井字梁 JZL 端支座上部纵筋为充分利用钢筋的抗拉强度时，在梁代号后加"g"，即 Lg、JZLg。

　　2. 当非框架梁 L 按受扭设计时，在梁代号后加"N"，即 LN。

✐ 特别提示

1. 非框架梁、井字梁和悬挑梁均为非抗震设计（即不考虑抗震耗能）。

2. 楼层框架梁、屋面框架梁和框支梁无论是否为抗震设计，其悬挑端均为非抗震设计。

3. 悬挑部分不计入跨数。

5.1.4 梁平法制图规则

梁平法施工图制图规则，是在梁平面布置图上采取平面注写方式或截面注写方式表达梁结构设计内容的方法，梁平法注写方式分类见表 5-2。

表 5-2   **梁平法注写方式分类**

注 写 方 式		备 注
平面注写方式	集中标注	平面注写方式为主；
	原位标注	原位标注取值优先
截面注写方式		截面注写方式可单独使用，也可与平面注写方式结合使用

1. 梁平面注写方式的一般要求

梁平面注写方式是在分标准层绘制的梁平面布置图上直接注写截面尺寸和配筋的具体数值，是整体表达该标准层梁平法施工图的一种方式。

对标准层上的所有梁应按表 5-1 的规定进行编号，并在相同编号的梁中选择一根进行平面注写，其他相同编号梁仅需标注编号。

平面注写方式包括集中标注和原位标注两部分，集中标注主要表达通用于梁各跨的设计数值，原位标注主要表达梁本跨的设计数值以及修正集中标注中不适用于本跨的内容。施工时，原位标注取值优先。平面注写方式及内容见表 5-3。

表 5-3   **平面注写方式分类及内容**

注写方式分类		标注内容	注写方式举例	备 注
平面注写	集中标注	梁编号	楼层框架梁：KL1（3） 两端带悬挑框架梁：KL3（2B） 屋面框架梁：WKL4	必注值
		梁截面尺寸	矩形截面：300×700 悬挑梁变截面：300×700/500	必注值
		箍筋	φ8@200（2） φ10@100/200（4）	必注值
		上部通长筋或架立筋；下部通长筋	2φ25＋2φ20（角筋＋中筋） 2φ22＋（2φ14）（角筋＋架立筋） 2φ25；3φ20（上通筋；下通筋）	必注值
		侧面构造钢筋或受扭钢筋	G4φ12 侧面构造钢筋 N6φ14 侧面受扭钢筋	必注值，注写钢筋总数，对称配置
		梁顶标高高差	（－0.100）相对结构层楼面标高而写	选注值
	原位标注	支座负筋	6φ25 4/2 4φ25/2φ20 2φ25（角部）＋2φ20/2φ20	含通长筋在内的支座上部纵筋
		下部纵筋	6φ25 2/4 2φ20/4φ25 2φ25＋2φ20（－2）/4φ25	括号内数字表示不伸入支座的钢筋数
		附加箍筋或吊筋	附加箍筋：6φ10（2） 吊筋：2φ20	注写钢筋总数，对称配置

梁平法施工图平面注写方式示意见图 5-4。

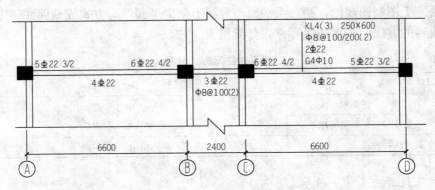

图 5-4　梁平法施工图平面注写方式示意图

2. 平面注写集中标注的具体内容

梁集中标注内容为六项，现分述如下（以下内容是对表 5-3 的注释）：

（1）注写梁编号（必注值）：梁编号带有注在括号内的梁跨数及有无悬挑端信息，应注意当有悬挑端时，无论悬挑多长均不记入跨数。

（2）注写梁截面尺寸（必注值）：

等截面梁注写为 $b \times h$，其中 b 为梁宽，h 为梁高。

竖向加腋梁注写为 $b \times h$　$Yc_1 \times c_2$，其中 Y 表示加腋，c_1 为腋长，c_2 为腋高，见示意图 5-5。

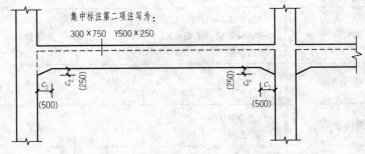

图 5-5　竖向加腋梁截面尺寸示意图

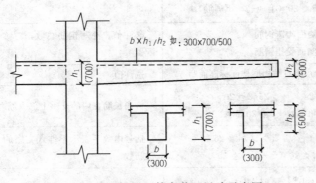

图 5-6　悬挑梁不等高截面尺寸示意图

变截面悬挑梁注写为 $b \times h_1/h_2$，其中，h_1 为梁根部较大高度值，h_2 为梁端部较小高度值，见示意图 5-6。

（3）注写梁箍筋（必注值）：

框架梁箍筋加密区与非加密区间距用"/"分开，箍筋的肢数注在括号内。例如：$\Phi 10@100/200$（2），表示箍筋强度等级为 HPB300，直径$\Phi 10$，加密区间距为 100mm，非加密区间距为 200mm，均为双肢箍。

Φ8@100（4）/150（4），表示箍筋强度等级为 HPB300，直径 Φ8，加密区间距为 100mm，采用 4 肢箍，非加密区间距为 150mm，采用 4 肢箍。

（4）注写梁上部通长筋或架立筋，以及梁下部通长筋（必注值）：

将架立筋注写在括号内以示与通长筋区别。当框架梁箍筋采用 4 肢或更多肢时，由于通长筋一般仅需设置 2 根，所以应补充设置架立筋，此时采用"＋"将两类钢筋相连。例如：2⊈22＋（2Φ12）表示设置 2 根强度等级 HRB400，直径 22mm 的通长筋和 2 根强度等级 HPB300，直径 12mm 的架立筋。

　　梁上部通长筋可为相同或不同直径采用搭接连接、机械连接或焊接的钢筋。

当梁下部通长筋配置相同时，可在跨中上部通长筋或架立筋后接续注写梁下部通长筋，前后用"；"隔开。例如：2⊈22；6⊈25 2/4，表示梁上部跨中设置 2 根强度等级 HRB400，直径 22mm 的抗震通长筋；梁下部设置 6 根强度等级 HRB400，直径 25mm 的通长筋，分两排设置，上排 2 根，下排 4 根。

（5）注写梁侧面构造纵筋或受扭纵筋（必注值）：

梁侧面构造纵筋以 G 打头，梁侧面受扭纵筋以 N 打头，注写两个侧面的总配筋值。

当梁腹板高度 $h_w \geqslant 450$mm 时，梁侧面须配置纵向构造钢筋，所注规格与总根数应符合相应规范规定。当梁侧面配置受扭纵筋时，宜同时满足梁侧面纵向构造钢筋的间距要求，且不再重复配置纵向构造钢筋。例如：N6⊈22 表示共配置 6 根强度等级 HRB400，直径 22mm 的受扭纵筋，梁每侧各配置 3 根。

　　1. 梁侧面构造纵筋的搭接长度与锚固长度取 $15d$。

　　2. 梁侧面受扭纵筋的搭接长度为 l_{lE}（l_l），锚固长度为 l_{aE}（l_a），锚固方式同框架梁的下部纵筋。

梁侧面构造（或受扭）纵筋平面注写方式示例见图 5-7。

（6）注写梁顶面相对标高高差（选注值）：

梁顶面标高高差为相对于结构层楼面标高的高差值，将其注写在括号内。

应注意，当局部设有结构夹层时，应将结构夹层的标高列入结构层楼面标高和层高表中，设置在结构夹层的梁如有梁顶面标高高差，即为相对于结构夹层楼面的标高高差。

3. 平面注写原位标注的具体内容

梁原位标注见图 5-8。梁原位标注内容有四项，现分述如下：

（1）注写梁支座上部纵筋。

当集中标注的梁上部跨中抗震通长筋直径与该部位角筋直径相同时，跨中通长筋实际为该跨两端支座的角筋延伸到跨中 1/3 净跨范围内搭接形成；当集中标注的梁上部跨中通长筋直径与该部位角筋直径不同时，跨中直径较小的通长筋分别与该跨两端支座的角筋搭接完成抗震通长筋受力功能。

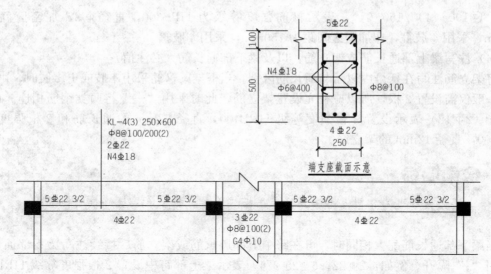

图 5-7　梁侧面构造（或受扭）纵筋平面注写方式示例

当梁支座上部纵筋多于一排时，用"/"将各排纵筋自上而下分开。例如：6⊕22 4/2 表示上排纵筋为 4⊕22，下排纵筋为 2⊕22。

当同排纵筋有两种直径时，用"＋"将两种直径的纵筋相连，并将角部纵筋注写在前面。例如：2⊕25＋2⊕22 表示梁支座上部有四根纵筋，2⊕25 放在角部，2⊕22 放在中部。

当梁支座两边的上部纵筋不同时，须在支座两边分别标注；当梁支座两边的上部纵筋相同时，可仅在支座一边标注配筋值，另一边省去不注。

当两大跨中间为小跨，且小跨净尺寸小于左、右两大跨净跨尺寸之和的 1/3 时，小跨上部纵筋贯通全跨。此时，应将贯通小跨的纵筋注写在小跨中部的上部，例如图 5-8 中小跨净长：

$$（2400－2×250）＝1900＜2×（6600－250－350）/3＝4000$$

所以此小跨上部纵筋贯通全跨。

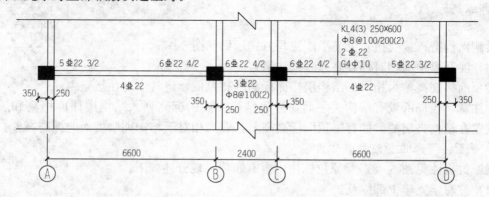

图 5-8　大、小跨梁的平面注写示例

设计与施工应注意，贯通小跨的纵筋根数可等于或少于相邻大跨梁支座上部纵筋，当少于时，少配置的纵筋即为大跨不需要贯通小跨的纵筋。施工时应满足支座两边纵筋根数不同时的梁柱节点构造。

当支座两边配筋值不同时，应采用直径相同并使支座两边根数不同的方式配置纵筋。可使配置较少一边的上部纵筋全部贯穿支座，配置较多的另一边仅有较少根纵筋在支座内锚固。

（2）注写梁下部纵筋。

当梁下部纵筋多于一排时，用"/"将各排纵筋自上而下分开。例如：6⚊25 2/4 表示上排纵筋为 2⚊25，下排纵筋为 4⚊25，全部伸入支座。

当同排纵筋有两种直径时，用"＋"将两种直径的纵筋相连，注写时角筋写在前面。例如：2⚊22＋2⚊20 表示梁下部有 4 根纵筋，2⚊22 放在角部，2⚊20 放在中部。

当梁下部纵筋不全部伸入支座时，将减少的数量写在括号内。

例如：6⚊25 2（－2）/4 表示上排纵筋为 2⚊25 均不伸入支座；下排纵筋为 4⚊25 全部伸入支座，见图 5-9。

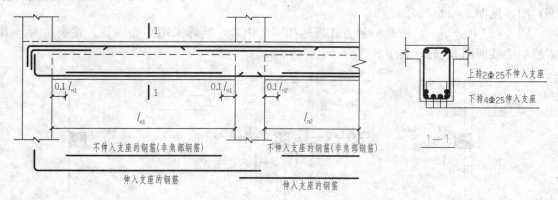

图 5-9 梁下部不伸入支座的钢筋示意图

当在梁的集中标注中已在梁支座上部纵筋之后注写了下部通长筋数值时，则不需在梁下部重复做原位标注。

（3）注写附加箍筋或吊筋。

在主次梁相交处，直接将附加箍筋或吊筋画在平面图中的主梁上，用线引注总配筋值（附加箍筋的肢数注在括号内），见图 5-10。图中 8Φ10（2）表示在主梁上配置直径 10mmHPB300 级附加箍筋共 8 道，在次梁两侧各配置 4 道，为双肢箍。又如：2⚊20 表示在主梁上配置直径 20mm HRB400 吊筋两根。应注意：附加箍筋的间距、吊筋的几何尺寸等构造需结合其所在位置的主梁和次梁的截面尺寸而定。

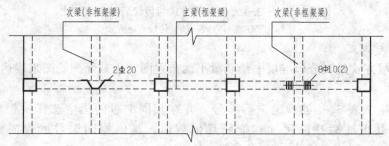

图 5-10 附加箍筋和吊筋的示意图

当多数附加箍筋或吊筋相同时，可在梁平法施工图上统一注明，少数与统一注明值不同时，再原位引注。

（4）注写修正集中标注中某项或某几项不适用于本跨的内容。

当在梁上集中标注的梁截面尺寸、箍筋、上部通长筋或架立筋、梁侧面纵向构造钢筋或受扭纵向钢筋、梁顶面标高高差中的某一项或几项数值不适用于某跨或某悬挑部分时，则将其不同数值原位标注在该跨或该悬挑部位，施工时，应按原位标注数值取用。

（5）平面注写方式与传统表示方式对比。

目前建筑工程结构施工图使用的梁平面注写方式能够反映一根梁的全部（平面、立面、截面）信息，见图5-11（a）。在使用平法之前，按照传统表达方式表示梁的话，需要绘制梁的平面图、立面图和截面（剖面）图，造成图纸量大，有时这三种图中的信息可能互相矛盾，不一致，所以说平法表示是设计领域的一项改革。按照传统表达方式表示的梁截面（剖面）图，见图5-11（b）。

图5-11（a）和（b）是两种方式表达相同的内容，实际采用平面注写方式表达时，不需绘制梁截面图和（a）图中的截面号。

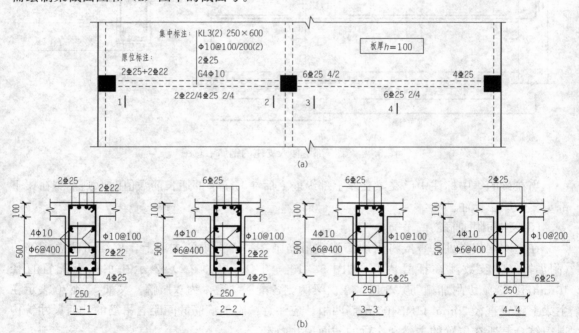

图5-11　平法梁平面注写方式与传统表示方式对比
（a）平法注写方式；（b）传统表达方式

4. 截面注写方式

梁截面注写方式是在分标准层上绘制梁平面布置图，用截面配筋图来表达梁平法施工图的一种方式。

对所有梁应按表5-1的规定进行编号，并在相同编号的梁中选择一根用剖面号引出配筋图，并在其上注写截面尺寸和配筋具体数值，其他相同编号梁仅需标注编号，见图5-12。

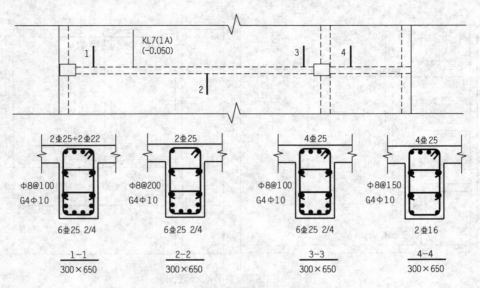

图 5-12 平法梁截面注写方式示意图

5. 平法梁平面注写和截面注写两种方式对比

梁平面注写方式见图 5-11（a），梁截面注写方式见图 5-12，两图表达了完全相同的内容，显然平面注写方式更为简捷，设计工作量大大减少，但同时增加了识图的难度。截面注写方式设计工作量大，但让人一目了然，更易理解。实际应用中，以平面注写为主，以截面注写为辅。

6. 两种注写方式的灵活应用

当梁平法施工图设计采用平面注写方式时，局部区域如果梁布置过密可能出现注写空间不足的情况，此时可将过密区用虚线框出，适当放大比例后进行平面注写。

截面注写方式既可以单独使用，又可与平面注写方式结合使用。当某部位的梁为异形截面或局部区域梁布置过密时，将平面注写方式与截面注写方式联合使用，效果更好。

当两楼层之间设有层间梁（如结构夹层位置处的梁）时，除楼梯间内能够在平面图上显示的楼梯休息平台梁外，应将该层间梁区域另行绘制局部梁平面布置图，然后在其上采用平面注写方式进行设计表达。

5.2 非框架梁钢筋构造

5.2.1 框架梁与非框架梁、主梁与次梁的关系与区别

非框架梁是相对于框架梁而言，次梁是相对于主梁而言，这是两个不同的概念。在框架结构中，框架梁以柱为支座，非框架梁是以框架梁或非框架梁为支座。主梁一般为框架梁，次梁一般为非框架梁，次梁以主梁为支座。但是也有特殊情况，例如在图 5-13 左图中，KL3 就以 KL2 为中间支座，因此 KL2 就是主梁，而框架梁 KL3 就成为次梁了。

此外，次梁也有一级次梁和二级次梁之分。例如图 5-13 右图中，L3 是一级次梁，它以框架梁 KL5 为支座；而 L4 为二级次梁，它以 L3 为支座。

框架梁与非框架梁、主梁与次梁的关系与区别见表 5-4。

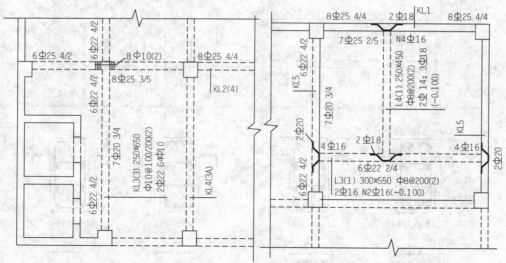

图 5 - 13　框架梁平面布置图

表 5 - 4　　　　　框架梁与非框架梁、主梁与次梁的关系与区别

梁名称	代号	支座情况	确定方式	一般情况
框架梁	KL	框架柱或剪力墙	以梁是否以混凝土柱或剪力墙为支座来确定	—
非框架梁	L	框架梁		—
主梁		柱或墙（混凝土、砖）	以梁的主次关系来确定	框架梁一般为主梁
次梁		梁		非框架梁一般为次梁

 特 别 提 示

1. 当多跨连续梁支座有框架柱又有框架梁时，仍称为框架梁。
2. 当多跨连续梁支座有框架柱又有剪力墙时，仍称为框架梁。
3. 当多跨连续梁支座均为梁时，即为非框架梁。

5.2.2　非框架梁的钢筋分类

非框架梁内各种钢筋形成了非框架梁的钢筋骨架，以承受荷载。按照钢筋所在位置和受力特点，对非框架梁的钢筋进行分类，见表 5 - 5。

表 5 - 5　　　　　　　　　　　非框架梁钢筋分类

钢筋名称	钢筋位置	钢筋详称
纵向钢筋	上部	上部钢筋或架立筋
	左上部	左支座负筋
	右上部	右支座负筋
	侧面中部	侧面构造钢筋及拉筋，或受扭钢筋及拉筋
	下部	下部钢筋
箍筋	构造要求没有加密区和非加密区之分，只有计算才能确定是否加密	
附加箍筋	下一级次梁两侧	当有下一级次梁时，设附加箍筋或吊筋，或同时设附加箍筋和吊筋
吊筋	下一级次梁底部及两侧	

5.2.3　非框架梁钢筋构造

非框架梁配筋构造见图 5-14。

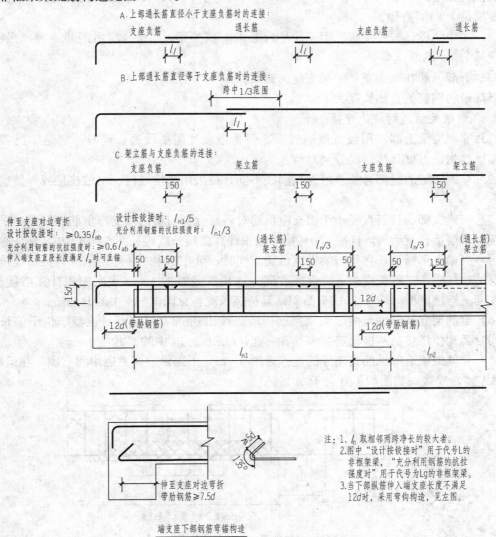

图 5-14　非框架梁配筋构造

1. 非框架梁上部纵筋向跨内的延伸长度

（1）非框架梁端支座上部纵筋的延伸长度：

非框架梁端支座上部纵筋从主梁内边缘算起的延伸长度，当设计按铰接时取 $l_{n1}/5$；当充分利用钢筋的抗拉强度时取 $l_{n1}/3$。

（2）非框架梁中间支座上部纵筋的延伸长度：

非框架梁中间支座上部纵筋第一排延伸长度取 $l_n/3$（l_n 为相邻左右两跨中净跨值较大者），第二排延伸长度取 $l_n/4$；当配置超过二排纵筋时，应由设计者注明各排纵筋的延伸长度值。

2. 非框架梁纵向钢筋的锚固

（1）非框架梁上部纵筋在端支座的锚固：

上部纵筋在端支座伸入支座的平直段长度，当设计按铰接时要求≥$0.35l_{ab}$；当充分利用钢筋的抗拉强度时要求≥$0.6l_{ab}$，且伸至对边后再弯折，弯后直段长度$12d$。伸入端支座直段长度满足l_a时可直锚。

（2）图中"设计按铰接时"用于代号为 L 的非框架梁，"充分利用钢筋的抗拉强度时"用于代号为 Lg 的非框架梁。

（3）下部纵筋在端支座、中间支座的锚固：

下部带肋钢筋的直锚长度为$12d$。

3. 非框架梁纵向钢筋的连接

（1）非框架梁上部不用设抗震通长筋，但是当设计需要设通长筋时，它是非抗震通长筋，其连接构造根据具体情况分别对待。

（2）非框架梁的上部通长筋可为相同或不同直径采用搭接连接、机械连接或焊接连接的钢筋。

（3）当梁上部通长筋直径小于梁支座负筋时，其分别与梁两端支座负筋连接。当采用搭接连接时，搭接长度为l_l，且按 100％接头面积计算搭接长度，见图 5-14 中的 A 构造。

（4）当梁上部通长筋直径与梁支座负筋相同时，可在跨中 1/3 净跨范围内进行连接。当采用搭接连接时，搭接长度为l_l，且当在同一连接区段时按 100％接头面积计算搭接长度；当不在同一连接区段时按 50％接头面积计算搭接长度，见图 5-14 中的 B 构造。

（5）梁的架立筋分别与两端支座负筋构造搭接 150mm，且应有一道箍筋位于该长度范围，同时要钩住搭接的两根钢筋并绑扎在一起，见图 5-14 中的 C 构造。

（6）非框架梁下部纵筋支座外的连接见图 5-15，下部纵筋可贯通中间支座，在梁端 l_n/4 范围连接，连接钢筋面积不宜大于 50％。

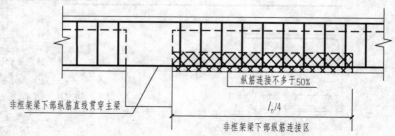

图 5-15　非框架梁下部纵筋支座外的连接

4. 非框架梁的箍筋

（1）非框架梁的箍筋没有作为抗震构造要求的箍筋加密区。

（2）当设计为两种箍筋值时，在梁跨两端配置较大的箍筋，在跨中配置较小的箍筋。

（3）梁第一道箍筋距主梁支座边缘 50mm。

（4）弧形非框架梁沿梁中心线展开，箍筋间距沿凸面线度量。

（5）当箍筋为多肢复合箍时，应采用大箍套小箍的形式。

5. 非框架梁侧面钢筋

非框架梁侧面钢筋构造同框架梁，详见框架梁侧面钢筋构造。

5.2.4　主、次梁节点钢筋排布构造

当主、次梁相交时，其节点的钢筋排布构造见图 5-16。要点为：

（1）次梁下部纵筋伸入支座锚固长度：带肋钢筋为 12d。

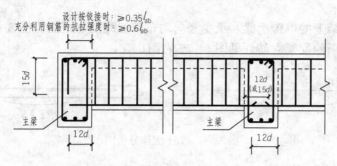

图 5-16　主、次梁节点钢筋排布构造

（2）当主、次梁顶部标高相同时，主梁上部纵筋与次梁上部纵筋的上、下位置关系应根据楼层施工钢筋整体排布方案并经设计确认后确定。图 5-16 是次梁上部纵筋置于主梁上部纵筋之上的方案。次梁的支座负筋在端支座伸至主梁外侧角筋的内侧后弯折，弯后直段长度 12d。

（3）当主、次梁底部标高相同时，次梁下部纵筋应置于主梁下部纵筋之上。

5.3　非框架梁识图操练

5.3.1　钢筋排列表

用平法施工图进行钢筋下料计算和钢筋工程量计算时，如果按照一定的顺序对钢筋进行排列，计算就方便，不会漏项，所以先对非框架梁钢筋进行排列，见表 5-6。

表 5-6　　　　　　　　　　　　　**钢 筋 排 列 表**

跨位	钢筋位置	钢筋名称	钢筋构造	备注
第一跨 （端跨）	上部	左支座负筋（端支座）	支座内锚固	22G101-1 第 96 页
			跨内延伸长度	
		右支座负筋（中间支座）	跨内延伸长度	
	下部	下部筋	左支座锚固（端支座）	
			右支座锚固（中间支座）	
	中部	侧面构造钢筋	侧面构造钢筋构造	
		侧面受扭钢筋	侧面受扭钢筋构造	
	箍筋		箍筋构造	
	附加箍筋、吊筋		附加箍筋、吊筋构造	
第二跨 （中间跨）	当多跨时，中间跨按照第一跨的右侧钢筋构造考虑			
	⋯⋯			

5.3.2　单跨次梁识图操练

单跨次梁即单跨非框架梁的识图操练。首先通过画弯矩图了解单跨次梁的配筋原理，再通过平法施工图绘制立面钢筋排布图和截面钢筋排布图，学习关键部位钢筋锚固长度计算。

通过这几个步骤，能进一步理解平法，掌握平法。

1. L-1 配筋分析

两端支撑在主梁上的单跨次梁，承受竖向均布荷载时的弯矩图见图 5-17 左图，在受拉侧配受力钢筋，受压侧配架立筋，见图 5-17 右图。

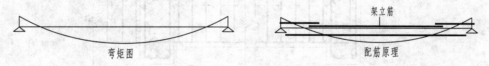

图 5-17　L-1 配筋分析图

2. L-1 平法施工图

某一单跨次梁 L-1 平法施工图和工程信息见图 5-18，梁端支座负筋按铰接考虑。

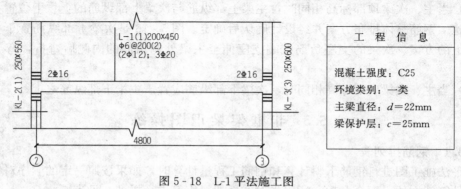

图 5-18　L-1 平法施工图

3. L-1 钢筋排布图

通过 L-1 的平法施工图，绘制 L-1 立面钢筋排布图，并在关键部位给出剖断面，再绘制剖断面处的截面钢筋排布图，见图 5-19。

确定剖断面的原则是：①纵向钢筋直径或根数发生变化；②截面尺寸发生变化。所以 L-1 左支座右侧为 1-1 剖面，跨中为 2-2 剖面，右支座左侧与 1-1 剖面相同。

4. 关键部位钢筋长度计算

关键部位钢筋长度计算见表 5-7。

表 5-7　　　　　　　　　　　　　关键部位钢筋长度计算表　　　　　　　　　　　　　mm

钢　筋		关键部位钢筋长度计算	分　析
左支座	左支座负筋锚固	$\geqslant 0.35 l_{ab} = 0.35 \times 40 \times 16 = 224$	负筋伸至支座端部后再弯折，满足弯锚要求，参见 22G101-1 第 96 页
		$\leqslant 梁宽 - c = 250 - 25 = 225$	
		弯折 $15d = 15 \times 16 = 240$	
	左支座负筋伸入梁长度	$l_{n1}/5 = (4800 - 125)/5 = 935$	参见 22G101-1 第 96 页
	左支座下部筋锚固	$12d = 12 \times 20 = 240$	
右支座		左右支座钢筋锚固相同	

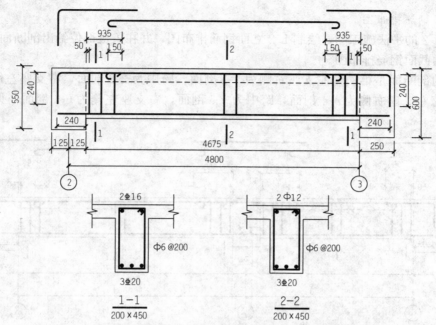

图 5 - 19　L-1 立面钢筋排布图和截面钢筋排布图

5.3.3　双跨次梁实操训练

1. L-2 配筋分析

首先通过画双跨次梁弯矩图，了解双跨次梁的配筋原理。两端支撑在主梁上的双跨次梁 L-2，承受竖向均布荷载时的弯矩图见图 5 - 20 左图，在受拉侧配受力钢筋，受压侧配架立筋，见图 5 - 20 右图。

图 5 - 20　L-2 配筋分析图

2. L-2 平法施工图

某一双跨次梁 L-2 平法施工图和工程信息见图 5 - 21。梁端支座负筋按铰接考虑。

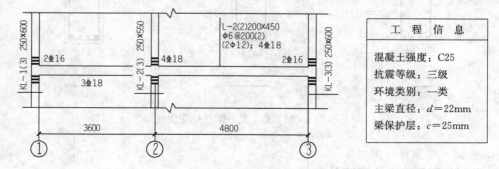

图 5 - 21　L-2 平法施工图

3. L-2 钢筋排布图

通过 L-2 的平法施工图，绘制 L-2 立面钢筋排布图，并在关键部位给出剖断面，再绘制剖断面处的截面钢筋排布图。

确定的剖断面是第一跨左支座右侧为 1-1 剖面，跨中为 2-2 剖面，右支座左侧为 3-3 剖面，第二跨左支座右侧为 4-4 剖面，跨中为 5-5 剖面，右支座左侧为 6-6 剖面，见图 5 - 22 和图 5 - 23。

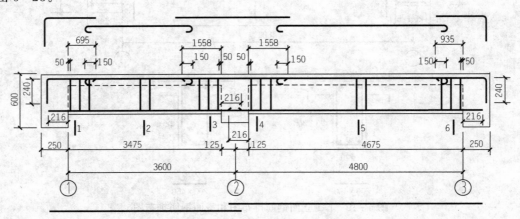

图 5 - 22　L-2 立面钢筋排布图

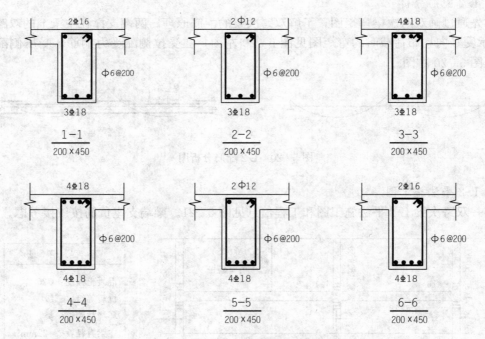

图 5 - 23　L-2 截面钢筋排布图

4. 关键部位钢筋长度计算

关键部位钢筋长度计算见表 5 - 8。

表 5 - 8　　　　　　　　　　　　关键部位钢筋长度计算表　　　　　　　　　　mm

跨位	钢筋	关键部位钢筋长度计算	分　析
第一跨	左支座负筋锚固	$\geqslant 0.35 l_{ab} = 0.35 \times 40 \times 16 = 224$	负筋伸至支座端部后再弯折，满足弯锚要求，参见 22G101 - 1 第 96 页
		$\leqslant 梁宽 - c = 250 - 25 = 225$	
		弯折 $15d = 15 \times 16 = 240$	
	左支座负筋伸入梁长	$l_{n1}/5 = (3600 - 125)/5 = 695$	
	右支座负筋伸入梁长	$l_n/3 = (4800 - 125)/3 = 1558$	l_{n1} 和 l_{n2} 中取较大者
	下部筋锚固	左端：$12d = 12 \times 18 = 216$	$<梁宽 - c = 250 - 25 = 225$ 可直锚
		右端：$12d = 12 \times 18 = 216$	
第二跨	左支座负筋伸入梁长	$l_n/3 = (4800 - 125)/3 = 1558$	l_{n1} 和 l_{n2} 中取较大者
	右支座负筋锚固	$\geqslant 0.35 l_{ab} = 0.35 \times 40 \times 16 = 224$	负筋伸至支座端部后再弯折，满足弯锚要求，参见 22G101 - 1 第 96 页
		$\leqslant 梁宽 - c = 250 - 25 = 225$	
		弯折 $15d = 15 \times 16 = 240$	
	右支座负筋伸入梁长	$l_{n2}/5 = (4800 - 125)/5 = 935$	
	下部筋锚固	左端：$12d = 12 \times 18 = 216$	$<梁宽 - c = 250 - 25 = 225$ 可直锚
		右端：$12d = 12 \times 18 = 216$	

注　c 为梁保护层厚度。

5.4　框架梁钢筋构造

5.4.1　框架梁及钢筋分类

1. 框架梁分类

为了便于学习框架梁的平法知识，按照可能的各种情况对框架梁进行分类，见表 5 - 9。

表 5 - 9　　　　　　　　　　　框架梁分类及钢筋构造区别

分类依据	框架梁名称	区　别
按是否抗震分	抗震框架梁	上部设抗震通长筋，锚固长度 l_{aE}，基本锚固长度 l_{abE}
	非抗震框架梁	上部通长筋，锚固长度 l_a，基本锚固长度 l_{ab}
按楼屋面情况分	楼层框架梁	端支座上部筋和下部筋均根据情况直锚或弯锚
	屋面框架梁	端支座上部筋必须弯锚，下部筋根据情况直锚或弯锚
按形状分	直形框架梁	纵筋长度和箍筋间距均按梁中心线长度度量
	弧形框架梁	箍筋间距按凸面度量
按是否带悬挑分	带悬挑框架梁	端支座上部钢筋伸至悬挑端
	不带悬挑框架梁	端支座上部钢筋在端支座内锚固

2. 框架梁钢筋分类

框架梁中的各种钢筋形成了框架梁的钢筋骨架，以承受荷载。按照钢筋所在位置和受力特点，对框架梁的钢筋进行分类，见表 5 - 10。

表 5 - 10　　　　　　　　　　　　　框 架 梁 钢 筋 分 类

钢筋名称	钢筋位置	钢 筋 详 称
纵向钢筋	上部	上部通长筋（必设），有时设架立筋
	左上部	左支座负筋
	右上部	右支座负筋
	侧面中部	侧面构造钢筋及拉筋，或侧面受扭钢筋及拉筋
	下部	下部钢筋
箍筋	加密区	加密箍筋
	非加密区	非加密箍筋
附加钢筋	次梁两侧	附加箍筋
	次梁底部及两侧	吊筋

5.4.2　框架梁钢筋构造

一、楼层框架梁纵筋构造

1. 框架梁上部纵筋构造

框架梁上部纵筋包括：上部通长筋、支座负筋（即支座上部纵向钢筋）和架立筋，见图 5 - 24。

（1）框架梁上部通长筋构造。

1）根据抗震规范要求，抗震框架梁应设两根上部通长筋。

　　《建筑抗震设计规范》第 6.3.4 条规定：沿梁全长顶面、底面的配筋，一、二级不应少于 2Φ14，且分别不应少于梁顶面、底面两端纵向配筋中较大截面面积的 1/4；三、四级不应少于 2Φ12。

2）通长筋可为相同或不同直径采用搭接连接、机械连接或对焊连接的钢筋。

3）当跨中通长筋直径小于梁支座上部纵筋时，其分别与梁两端支座上部纵筋（角筋）连接，当采用搭接连接时搭接长度为 l_{lE}（l_{lE} 为抗震搭接长度），且按 100% 接头面积计算搭接长度。见图 5 - 24 中的 A 构造。

4）当通长筋直径与梁支座上部纵筋相同时，将梁两端支座上部纵筋中与通长筋位置和根数相同的钢筋延伸到跨中 1/3 净跨范围内进行连接；当采用搭接连接时，搭接长度为 l_{lE}，且当在同一连接区段时按 100% 接头面积计算搭接长度，当不在同一连接区段时按 50% 接头面积计算搭接长度，见图 5 - 24 中的 B 构造。

5）当框架梁设置多于 2 肢的复合箍筋，且当跨中通长筋仅为 2 根时，补充设置的架立

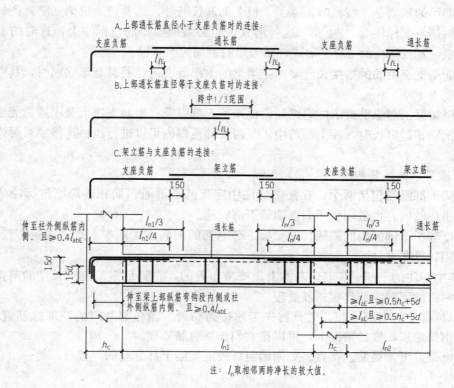

注：l_n 取相邻两跨净长的较大值。

图 5 - 24　楼层框架梁纵向钢筋构造

筋分别与梁两端支座上部纵筋构造搭接 150mm，见图 5 - 24 中的 C 构造。

（2）框架梁支座负筋的延伸长度。框架梁端支座和中间支座上部非通长纵筋从柱边缘算起的延伸长度统一取为：

当配置不多于三排纵筋而第一排部分为通长筋，且通长筋直径小于支座纵筋，或与支座纵筋相同时，第一排筋延伸至 $l_n/3$ 处、第二排筋延伸至 $l_n/4$ 处截断，见图 5 - 25。

当配置三排或超过三排纵筋时，应由设计者注明各排纵筋延伸长度。

弧形梁沿梁中心线展开，按上述规定计算支座上部纵筋的延伸长度（其中端支座取 l_{n1}，中间支座取支座两边的净跨长度 l_{n1} 和 l_{n2} 的最大值）。

（3）框架梁架立筋的构造。架立筋是梁的一种纵向构造钢筋。当梁顶面箍筋转角处无纵向受力钢筋时，应设置架立筋，见图 5 - 24 中的 C 构造。架立筋的作用是形成钢筋骨架和承受温度收缩应力。

框架梁不一定设有架立筋，如果框架梁所设置的箍筋是双肢箍，2 根上部通长筋兼作架立筋即可，这种情况就不需要设架立筋。

那么，梁在什么情况下需要设架立筋呢？架立筋的根数如何确定？

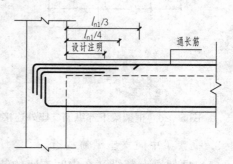

图 5 - 25　楼层框架梁支座负筋延伸长度构造

当框架梁的箍筋是4肢箍时，除了2根上部通长筋外，还要设2根架立筋。例如集中标注的上部钢筋不能标注为"2Φ25"这种形式，而必须把架立筋也标注上，这时的上部纵筋应该标注成"2Φ25＋(2φ12)"形式，括号里的钢筋为架立筋。

架立筋与支座负筋的搭接长度要求：当梁的上部既有通长筋又有架立筋时，其中架立筋的搭接长度为150。

（4）框架梁上部纵筋要求能通则通。框架梁上部纵筋在中间支座上要求遵循能通则通的原则，当钢筋超过定长时，在上部跨中1/3跨度的范围内可以进行机械连接或对焊连接或绑扎搭接接长。

2.框架梁下部纵筋构造

框架梁下部纵筋包括两个：在集中标注中定义的下部通长筋和逐跨原位标注的下部纵筋。这里讲述的内容也适用于屋面框架梁下部纵筋。

（1）框架梁下部纵筋的锚固。框架梁下部纵筋的配筋方式基本上是"按跨布置"，即在支座处锚固，见图5-24。

1）集中标注的下部通长筋，基本上是按跨布置的，在满足钢筋定尺长度的前提下，可以把相邻两跨的下部纵筋作贯通筋处理。

2）原位标注的下部纵筋，更是首先考虑按跨布置，当相邻两跨的下部纵筋直径相同，在不超过钢筋定尺长度的情况下，可以把它们作贯通筋处理。

（2）框架梁下部纵筋连接点。如何确定抗震框架梁下部纵筋的连接点，是一个相当复杂的问题。

梁的下部钢筋不能在下部跨中进行连接。因为下部跨中是正弯矩最大的地方，钢筋是不允许在此范围内连接的。梁的下部钢筋在支座内也不能连接。因为在梁柱节点内受力复杂，梁下部纵筋只能锚固，不能连接。梁纵筋和柱纵筋都不允许连接。大家都知道，在梁柱交叉节点为中心的上下一段范围内，是柱纵筋的非连接区。同样，在梁柱交叉节点内，也是梁纵筋的非连接区。

那么由于钢筋定长问题，抗震楼面框架梁下部纵筋不能在支座内锚固而必须在节点外连接的话怎么办？可以在节点外连接范围内连接，见图5-26，要点为：

1）框架梁下部纵筋可贯通中间支座在内力较小处连接，连接范围为离柱边$\geqslant 1.5h_0$处（h_0为梁截面有效高度）。当采用搭接连接时，搭接长度为l_{lE}，连接钢筋面积不应大于50%。

2）相邻跨梁下部纵筋直径不同时，搭接位置位于较小直径一跨。

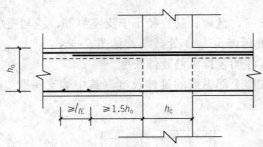

注：1. h_0为梁截面有效高度。
    2. 此节点构造适用于楼面和屋面框架梁。
    3. 相邻跨梁下部纵筋直径不同时，搭接位置位于较小直径一跨。

图5-26 框架梁下部纵筋支座外连接

3.框架梁中间支座纵筋构造

（1）框架梁上部纵筋在中间支座的节点构造。

1）当支座两边的支座负筋直径相同、根数相等时，一般贯通穿过中间支座。由于这些钢筋在中间支座左右两边的延伸长度相等（都等于$l_n/3$），所以常被形象地称为"扁担筋"，它以中间支座作为肩膀，向两边挑出的长度相等，这种情况比较普遍。

当中间支座左右两边的原位标注相同，或者在中间支座的某一边进行了原位标注，而在另一边没有原位标注的时候，都执行上述做法。

2）当支座两边的支座负筋直径相同、根数不相等时，把根数相等部分的支座负筋贯通穿过中间支座，而将根数多出来的支座负筋弯锚入柱内。

3）在施工图设计中要尽量避免出现支座两边的支座负筋直径不相同的情况。设计应注意：对于支座两边不同配筋值的上部纵筋，宜尽可能选用相同直径（不同根数），使其贯穿支座，避免支座两边不同直径的上部纵筋均在支座内锚固。

（2）框架梁下部纵筋在中间支座的节点构造。

1）框架梁的下部纵筋一般都以"直形钢筋"在中间支座锚固，见图 5-24，其锚固长度要同时满足两个条件：

$$锚固长度 \geqslant l_{aE}$$
$$锚固长度 \geqslant 0.5h_c + 5d$$

式中　h_c——柱截面沿框架方向的尺寸；

　　　d——钢筋直径。

2）下部纵筋在中间支座的切断点不一定在支座内。当作为中间支座的框架柱的宽度较小时，按锚固长度两个条件之一的"$\geqslant l_{aE}$"来看，下部纵筋的切断点一般是伸过支座的另一边，而不是在支座内。

3）框架梁的下部纵筋一般按跨处理，在中间支座锚固。在满足钢筋"定尺长度"的前提下，相邻两跨同样直径的框架梁下部纵筋可以而且应该直通贯穿中间支座，这样做既能够节省钢筋，而且对降低支座钢筋密度有好处。

（3）框架梁中间支座梁高、梁宽变化时钢筋构造。

楼层框架梁、屋面框架梁中间支座两边梁顶或梁底有高差时，或支座两边的梁宽不同时，或支座两边梁错开布置时的钢筋构造见图 5-27。图中共有 6 个节点构造，它们的相同点、不同点、适用情况见表 5-11。

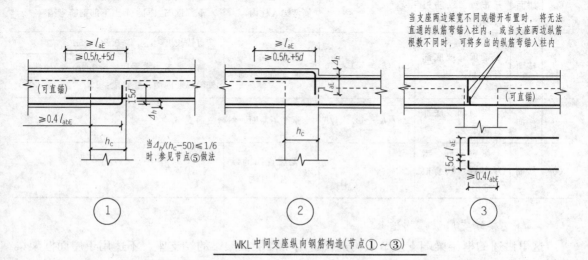

WKL中间支座纵向钢筋构造(节点①~③)

图 5-27　框架梁中间支座梁高、梁宽变化时钢筋构造（一）

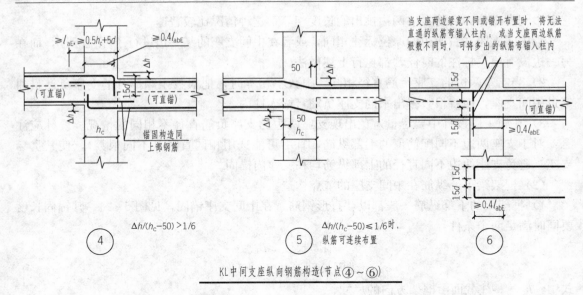

$$\Delta h/(h_c-50)>1/6 \quad \textcircled{4}$$

$$\Delta h/(h_c-50)\leqslant 1/6时，纵筋可连续布置 \quad \textcircled{5}$$

当支座两边梁宽不同或错开布置时，将无法直通的纵筋弯锚入柱内，或当支座两边纵筋根数不同时，可将多出的纵筋弯锚入柱内

$$\textcircled{6}$$

KL中间支座纵向钢筋构造（节点④～⑥）

图 5-27　框架梁中间支座梁高、梁宽变化时钢筋构造（二）

表 5-11　　　　　　　　框架梁中间支座梁高、梁宽变化时钢筋构造比较

节点	位置	变化情况	斜率	钢筋锚固	锚固长度
①	屋面	梁底部有高低差	$\Delta h/(h_c-50)>1/6$	能直锚时直锚，不能直锚时弯锚	直锚长度$\geqslant l_{aE}$，$\geqslant 0.5h_c+5d$
					弯锚要求：水平段：$\geqslant 0.4l_{abE}$，且到柱外侧纵筋内侧；竖直段：$15d$
			$\Delta h/(h_c-50)\leqslant 1/6$		钢筋不截断，斜弯贯通支座
②	屋面	梁顶部有高低差	—	高位钢筋弯锚	弯锚后竖直段伸入矮梁顶部算起 l_{aE}
				矮位钢筋直锚	直锚长度$\geqslant l_{aE}$
③	屋面	梁宽不同、错开布置、纵筋根数多出	—	无法直锚的纵筋弯锚入柱内	上部钢筋：同②节点高位钢筋弯锚 下部钢筋：同①节点下部钢筋弯锚
④	楼面	梁顶部或底部有高低差	$\Delta h/(h_c-50)>1/6$	能直锚时直锚，不能直锚时弯锚	直锚长度$\geqslant l_{aE}$，$\geqslant 0.5h_c+5d$
					弯锚要求：水平段：$\geqslant 0.4l_{abE}$，且到柱外侧纵筋内侧；竖直段：$15d$
⑤	楼面	梁顶部或底部有高低差	$\Delta h/(h_c-50)\leqslant 1/6$	钢筋不截断，斜弯贯通支座	
⑥	楼面	梁宽不同、错开布置、纵筋根数多出	—	无法直锚的纵筋弯锚入柱内	同④节点

4. 框架梁端支座纵筋构造

这里讲述的框架梁端支座节点构造仅适用于楼层框架梁的端支座，不适用于屋面框架梁端支座的节点构造，见图 5-28 和图 5-29。

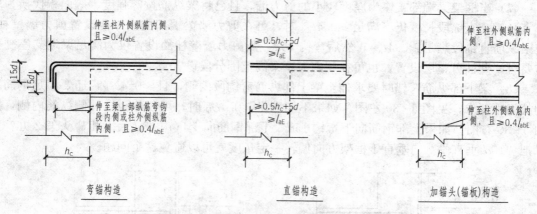

图 5-28　楼层框架梁端支座钢筋构造（1）

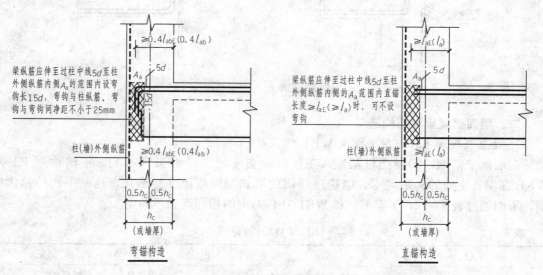

图 5-29　楼层框架梁端支座钢筋构造（2）

钢筋构造要点为：

（1）楼层框架梁纵筋在端柱（墙）内的弯锚或直锚，均要求纵筋应伸至过端柱中线 $5d$ 至柱外侧纵筋内侧（该范围可用代号 A_a 表示），纵筋伸至 A_a 范围为必须满足的锚固控制条件之一。

（2）当框架梁纵筋伸入 A_a 范围，其直锚段 $\geqslant 0.4l_{abE}$ 时（l_{abE} 为抗震锚固长度），可弯折 $15d$ 后截断。当弯锚时，直锚段与弯钩长度 $15d$ 之和是否 $\geqslant l_{abE}$ 不为控制条件。

（3）当弯锚时，弯钩与柱纵筋净距、各排纵筋弯钩净距不应小于 25mm。

（4）当框架梁纵筋伸至 A_a 范围，直锚段 $\geqslant l_{aE}$ 时，可直锚。

（5）当纵筋伸至端柱 A_a 范围远端，其直锚段不满足 $\geqslant 0.4l_{abE}$ 时，应将纵筋按等强度、等面积代换为较小直径，使直锚段 $\geqslant 0.4l_{abE}$，再设弯钩 $15d$，而不应采用加长竖向直钩长度使总锚长等于 l_{abE} 的错误做法，或者采用端支座加锚头（锚板）的锚固措施。

（6）框架梁端部支座为剪力墙时，其弯锚与直锚控制条件与框架柱相同。

（7）当框架梁端部支座为厚度较小的剪力墙，且已将梁纵筋按等强度、等面积代换为较小直径后，直锚段长度仍不满足≥$0.4l_{abE}$时，可在剪力墙梁端部支座部位设置剪力墙壁柱，使梁纵筋直锚段满足≥$0.4l_{abE}$，然后弯钩$15d$。当剪力墙壁柱的设置仅为满足梁端支座受力需要时，壁柱可整层设置，也可在层内大于梁高范围分段设置。

（8）梁下部纵筋弯锚时要求伸至梁上部纵筋弯钩段内侧，且≥$0.4l_{abE}$，还要满足钢筋之间的间距要求，见图 5-30 左图。如果不能满足≥$0.4l_{abE}$时，可以伸至柱外侧纵筋内侧，见图 5-30 右图。如果上部钢筋向下弯钩$15d$，下部钢筋向上弯钩$15d$ 后互相碰头怎么办？可以把"$15d$ 垂直段"向垂直于框架方向偏转一定角度就可以避免这个问题。

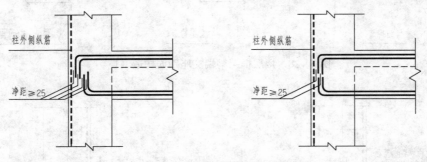

图 5-30　楼层框架梁端支座钢筋构造（3）

二、屋面框架梁纵筋构造

1. 楼层框架梁 KL 与屋面框架 WKL 的区别

楼层框架梁 KL 和屋面框架梁 WKL 在端支座处的受力机理不同，平法中对 KL 和 WKL 在端支座处的构造要求，以构造详图的形式加以规范、标准化，这是平法的重大贡献。下面通过表 5-12，了解 KL 和 WKL 在构造上的相同点和不同点。

表 5-12　　　　　　　　　　**KL 与 WKL 的异同**

部　位	KL	WKL
端支座	上下部纵筋有弯锚，有直锚，锚固方式相同	上部纵筋只有弯锚，没有直锚
		下部纵筋与 KL 相同
	—	设角部附加钢筋
中间支座	下部纵筋锚固构造相同	
上部钢筋截断点	向跨内的延伸长度相同	

2. 屋面框架梁端支座纵筋构造

学习屋面框架梁纵筋构造时，要和楼层框架梁纵筋构造相互对照、分析来学习，构造要求相同时进一步熟悉和巩固，对不同的地方重点理解。学习屋面框架梁纵筋构造时，还要结合框架边柱、角柱柱顶纵筋构造来理解，即图集第 67 页和第 85 页的图、本书中图 3-30 和图 5-31。虽然框架边柱、角柱柱顶纵筋构造和屋面框架梁纵筋构造分开表示，但是对实物来说是讲同一件事情。看图 5-31 时，一定要考虑图 3-30 的内容。屋面框架梁纵筋构造与楼层框架梁纵筋构造相对比，这里只讲不同点。

（1）顶层端支座梁上部纵筋。图 5-31 中表示的顶层端支座梁上部纵筋要结合图 3-30

中 2 或 3 构造理解，即梁上部纵筋伸至柱外侧纵筋内侧弯钩到梁底线。顶层端支座梁上部纵筋其他形式的锚固，以及附加角部钢筋构造见图 3-30。

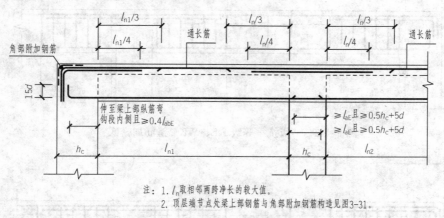

注：1. l_n 取相邻两跨净长的较大值。
　　2. 顶层端节点处梁上部钢筋与角部附加钢筋构造见图 3-31。

抗震屋面框架梁纵向钢筋构造

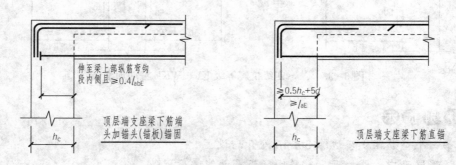

图 5-31　屋面框架梁纵筋构造

（2）顶层端支座梁下部纵筋。梁下部纵筋首先看能不能直锚，直锚条件是 $\geqslant 0.5h_c + 5d$，$\geqslant l_{aE}$。不满足时可以弯锚，要求梁下部纵筋伸至梁上部纵筋弯钩段内侧，且其直锚段 $\geqslant 0.4l_{aE}$，再弯折 15d 后截断。或者采用加锚头（锚板）锚固构造，要求梁下部纵筋伸至梁上部纵筋弯钩段内侧，且 $\geqslant 0.4l_{aE}$。

3. 屋面框架梁中间支座纵筋构造

屋面框架梁中间支座钢筋构造见图 5-27，内容分析见表 5-11。

5.4.3　框架梁箍筋构造

1. 框架梁箍筋加密区构造

梁支座附近设箍筋加密区，其长度应满足以下要求。

（1）一级抗震等级框架梁：箍筋加密区长度 $\geqslant 500$mm 且 $\geqslant 2h_b$（h_b 为梁截面高度），见图 5-33；

（2）二～四级抗震等级框架梁：箍筋加密区长度 $\geqslant 500$mm 且 $\geqslant 1.5h_b$，见图 5-33；

（3）非抗震框架梁和非框架梁：构造要求不设箍筋加密区，但是当受力计算需要设箍筋加密区时，由设计标注。

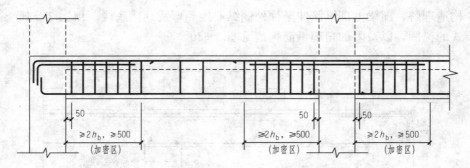

图 5 - 32　一级抗震等级 KL、WKL 箍筋加密区

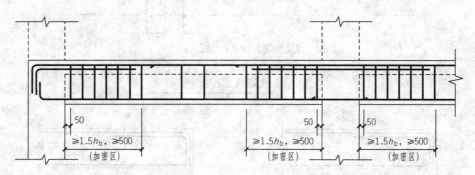

图 5 - 33　二～四级抗震等级 KL、WKL 箍筋加密区

✏️ **特别提示**

1. 第一个箍筋距支座边缘 50mm 处开始设置。
2. 弧形梁沿中心线展开，箍筋间距沿凸面线量度。
3. 当箍筋为多肢复合箍时，应采用大箍套小箍的形式。

2. 框架梁箍筋、拉筋沿梁纵向排布构造

框架梁箍筋、拉筋沿梁纵向排布构造见图 5 - 34。

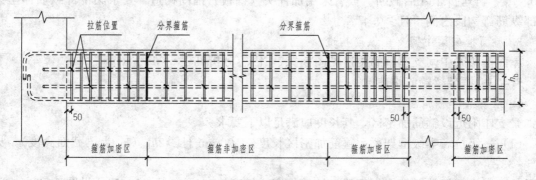

图 5 - 34　梁箍筋、拉筋排布构造详图

（1）按照图 5 - 32 和图 5 - 33 确定抗震框架梁箍筋加密区后，梁中间区域为箍筋的非加密区，非加密区的箍筋间距不宜大于加密区箍筋间距的 2 倍。

（2）箍筋加密区包含 50mm（第一个箍筋距支座边缘的距离）。

（3）当设置腰筋时，拉筋要同时钩住腰筋和箍筋，拉筋间距在全跨范围内为箍筋非加密区间距的 2 倍。当某跨只有一种箍筋间距时，拉筋间距取此箍筋间距的 2 倍。

3. 梁纵向钢筋与箍筋排布构造

梁横截面纵向钢筋与箍筋排布构造见图 5-35。图中 m 为梁上部第一排纵筋根数，n 为梁下部第一排纵筋根数，k 为梁箍筋肢数，图中为 $m \geqslant n$ 时的钢筋排布方案，当 $m < n$ 时可根据排布规则将图中纵筋上下换位后应用。

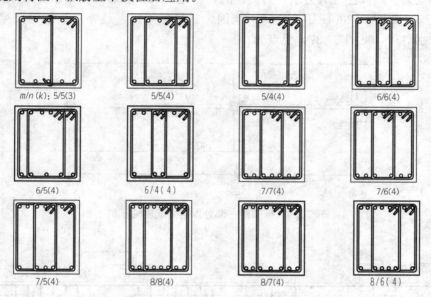

图 5-35 梁横截面纵向钢筋与箍筋排布构造

当梁箍筋为双肢箍时，梁上部纵筋、下部纵筋及箍筋的排布无关联，各自独立排布；当梁箍筋为复合箍时，梁上部纵筋、下部纵筋及箍筋的排布有关联，钢筋排布应按以下规则综合考虑。

（1）梁上部纵筋、下部纵筋及复合箍筋排布时应遵循对称均匀原则。

（2）梁复合箍筋应采用截面周边外封闭大箍加内封闭小箍的组合方式（大箍套小箍），内部复合箍筋可采用相邻两肢形成一个内封闭小箍的形式；当梁箍筋肢数≥6，相邻两肢形成的内封闭小箍水平段尺寸较小，施工中不易加工及安装绑扎时，内部复合箍筋也可采用非相邻肢形成一个内封闭小箍的形式（连环套），但沿外封闭箍筋周边箍筋重叠不应多于三层。梁复合箍筋肢数宜为双数。

（3）梁复合箍筋肢数宜为双数，当复合箍筋的肢数为单数时，设一个单肢箍，单肢箍筋应同时钩住纵向钢筋和外封闭箍筋。

（4）梁箍筋转角处应有纵向钢筋，当箍筋上部转角处的纵向钢筋未能贯通全跨时，在跨中上部可设置架立筋。架立筋的直径：当梁的跨度小于 4m 时不宜小于 8mm；当梁的跨度为 4～6m 时，不宜小于 10mm；当梁的跨度大于 6m 时，不宜小于 12mm。架立筋与纵向钢筋搭接长度为 150mm。

（5）梁上部通长筋应对称均匀设置，通长筋宜置于箍筋转角处。

（6）梁同一跨内各组箍筋的复合方式应完全相同，当同一组内复合箍筋各肢位置不能满足对称性要求时，此跨内每相邻两组箍筋各肢的安装绑扎位置应沿梁纵向交错对称排布。

（7）梁横截面纵向钢筋与箍筋排布时，除考虑本跨内钢筋排布关联因素外，还应综合考虑相邻跨之间的关联影响。

框架梁箍筋加密区长度内的箍筋肢距：一级抗震等级不宜大于 200mm 和 20 倍箍筋直径的较大值；二、三级抗震等级，不宜大于 250mm 和 20 倍箍筋直径的较大值；四级抗震等级不宜大于 300mm。

5.4.4　框架梁一部分以梁为支座时钢筋构造

常见的框架梁是以柱（剪力墙）为支座的，但是个别的框架梁一部分以柱为支座，一部分以梁为支座，如图 5-36 所示，此时不能因为它是框架梁，就完全执行框架梁的配筋构造，而是分别对待。见图 5-37，要点为：

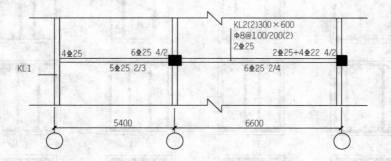

图 5-36　框架梁一部分以梁为支座的示例

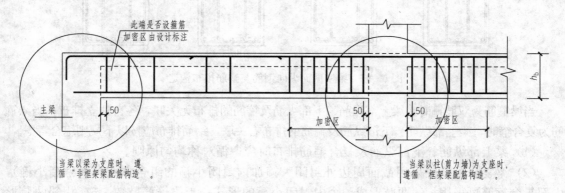

图 5-37　框架梁一部分以梁为支座时钢筋构造

（1）纵筋构造。当梁以另一根梁为支座时，要遵循非框架梁配筋构造；当以柱（剪力墙）为支座时，要遵循框架梁配筋构造。

（2）箍筋构造。当框架梁以柱（剪力墙）为支座时，按照构造要求设箍筋加密区；当以梁为支座时，构造上没有要求设箍筋加密区，而是由设计标注。

5.4.5　梁侧面钢筋构造

梁的侧面纵筋俗称"腰筋"，包括梁侧面构造钢筋和侧面抗扭钢筋。这里讲述的内容，适用于楼面框架梁、屋面框架梁和非框架梁。

1. 框架梁侧面构造钢筋的构造

梁侧面纵向构造钢筋和拉筋的构造，对框架梁和非框架梁来说构造要求完全相同。梁侧面纵向构造钢筋和拉筋构造见图 5-38。

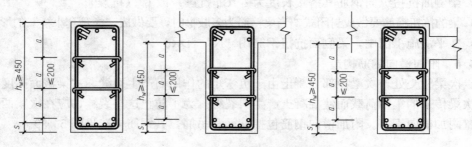

图 5 - 38　梁侧面纵向构造钢筋和拉筋构造

梁侧面纵向构造钢筋和拉筋构造要求如下：

（1）当梁的腹板高度 $h_w \geqslant 450mm$ 时，在梁的两个侧面应沿高度配置纵向构造钢筋，其间距不宜大于 200mm。侧面纵向构造钢筋在梁的腹板高度上均匀布置。

依据 G901-1 的要求，图中 s 为梁底到梁下部纵向受拉钢筋合力点距离。

当梁下部纵向钢筋为一排时，s 取至钢筋中心位置：

$$s = c + 箍\, d + 纵\, d/2$$

当梁下部钢筋为多排时，s 可近似取 60mm。

（2）梁侧面纵向构造钢筋的规格，由设计师在施工图上给出，而不是施工人员根据 22G101-1 图集来配置。

（3）梁侧面纵向构造钢筋的搭接和锚固长度可取为 $15d$。

（4）梁侧面纵向构造钢筋的拉筋不在施工图上标注，而是由施工人员根据 22G101-1 图集来配置：

当梁宽 $\leqslant 350mm$ 时，拉筋直径为 6mm；当梁宽 $> 350mm$ 时，拉筋直径为 8mm。拉筋间距为非加密区箍筋间距的 2 倍。

当设有多排拉筋时，上下两排拉筋要竖向错开设置（俗称"隔一拉一"）。

（5）拉筋构造要求：拉筋紧靠纵向钢筋并钩住箍筋，拉筋弯钩角度为 135°。弯钩平直段长度：对一般结构，不宜小于拉筋直径的 5 倍；对有抗震、抗扭要求的结构，不应小于拉筋直径的 10 倍且不应小于 75mm。

（6）在平法施工图中，梁侧面纵向构造钢筋用"G"表示。

2. 框架梁侧面抗扭钢筋的构造

梁侧面抗扭钢筋和梁侧面纵向构造钢筋类似，都是梁的"腰筋"，梁侧面抗扭钢筋在梁截面中的位置及其拉筋的构造，与侧面构造钢筋相同。

两种梁侧面钢筋既有相同点又有不同点，不同点是：

（1）梁侧面抗扭钢筋是需要设计人员进行抗扭计算才能确定其钢筋规格和根数的，这与侧面纵向构造钢筋有本质上的不同。

（2）梁侧面抗扭纵向钢筋的锚固长度和方式与框架梁下部纵筋相同：

对于端支座来说，抗震框架梁的侧面抗扭钢筋要伸到柱外侧纵筋的内侧，再弯 $15d$ 的直钩，且直锚水平段长度 $\geqslant 0.4 l_{abE}$（对于一般端支座）；对于宽支座，当满足 $\geqslant l_{aE}$ 和 $\geqslant 0.5 h_c + 5d$ 时，可以直锚。

对于中间支座来说，梁的抗扭纵筋要锚入支座 $\geqslant l_{aE}$ 和 $\geqslant 0.5 h_c + 5d$。

（3）梁侧面抗扭纵向钢筋其搭接长度为 l_l（非抗震）或 l_{lE}（抗震）。

（4）梁的抗扭箍筋要做成封闭式，当梁箍筋为多肢箍时，要做成"大箍套小箍"的形式。

（5）在平法施工图中，梁侧面抗扭钢筋用"N"表示。

5.4.6 附加横向钢筋构造

主、次梁相交处，次梁顶部混凝土由于负弯矩的作用而产生裂缝，主梁截面高度的中下部由于次梁传来的集中荷载而使混凝土产生斜裂缝。为了防止这些裂缝，应在次梁两侧的主梁内设置附加横向钢筋。附加横向钢筋包括箍筋和吊筋，其钢筋构造见图 5-39。

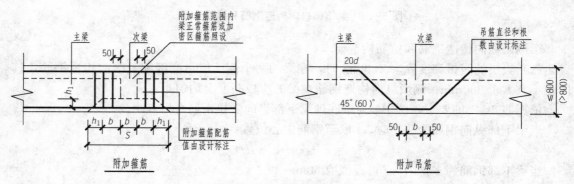

图 5-39 附加横向钢筋构造

5.5 悬 挑 梁 钢 筋 构 造

5.5.1 悬挑梁特点

梁悬挑端的力学特征和工程做法与框架梁内部各截面截然不同，梁悬挑端有下列构造特点。

（1）梁的悬挑端在上部跨中位置进行上部纵筋的原位标注，这是因为悬挑端的上部纵筋是全跨贯通的。

（2）悬挑梁的下部钢筋为受压钢筋，它只需要较小的配筋就可以，所以有的图纸往往在"说明"中说明，如：悬挑梁的架立筋为 2Φ12。它完全不同于框架梁跨中下部纵筋，框架梁跨中下部纵筋为受拉钢筋，通常情况下配筋较大。

（3）悬挑梁的箍筋间距一般没有加密区和非加密区之分，只有一种间距。

（4）在悬挑梁上进行梁截面尺寸的原位标注。有的悬挑梁设计成变截面，例如，梁根截面高度为 700mm，而梁端截面高度为 500mm，梁宽为 300mm，则其截面尺寸的原位标注为：300×700/500。

（5）悬挑梁的钢筋构造不考虑抗震。

5.5.2 悬挑梁配筋构造

平法图集中的悬挑梁构造可分两大类：一类是延伸悬挑梁，即框架梁的边跨所带的悬挑端，如 KL1（3A），表示该框架梁有 3 跨，且一端带悬挑；另一类是纯悬挑梁，用 XL 代码表示。

本书图 5-40 中只列出延伸悬挑梁的①、②、③节点钢筋构造和纯悬挑梁 XL 钢筋构造，

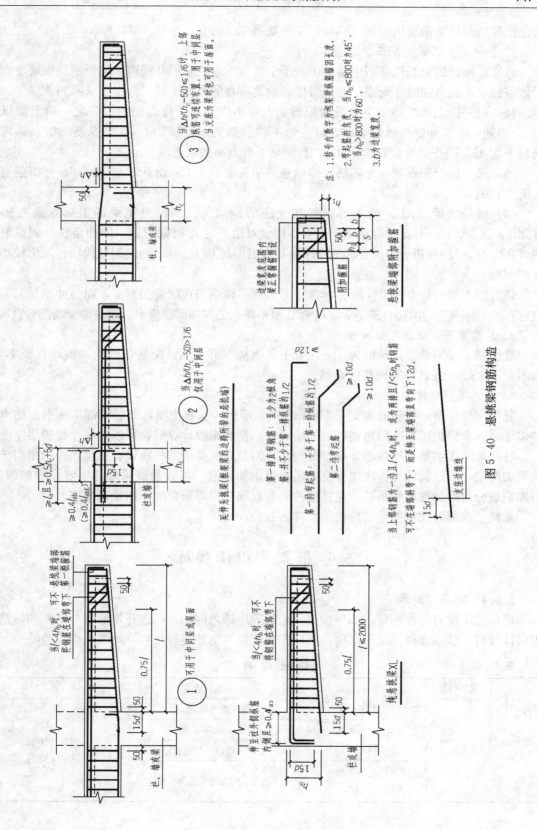

图 5 - 40　悬挑梁钢筋构造

其他情况的悬挑梁钢筋构造见 22G101 - 1 图集第 99 页。

1. 悬挑梁上部纵筋配筋构造

（1）悬挑梁的钢筋构造图中给出了若干个节点构造，它们共同遵循的原则是钢筋能直锚时就直锚，不能直锚时才弯锚。对于弯锚，钢筋所在的位置不同，弯锚要求不同。

（2）第一排上部纵筋中至少设两根角筋，并不少于第一排纵筋的二分之一的上部纵筋（直弯钢筋）一直伸到悬挑梁端部，再直弯下伸到梁底，且 $\geq 12d$，其余纵筋（第一排弯起筋）下弯 45°或 60°后直段长度 $\geq 10d$，且满足下弯点离边梁边缘 50mm。

（3）第二排上部纵筋（弯起筋）伸到悬挑端长度的 0.75l 处下弯 45°或 60°，弯折后直段长度 $\geq 10d$。

（4）纯悬挑梁（XL）的上部纵筋在支座的锚固为：当纯悬挑梁的上部纵筋直锚长度 $\geq l_a$，且 $\geq 0.5h_c + 5d$ 时可直锚；当直锚伸至对边不足 l_a 时则弯锚，即伸至柱外侧纵筋内侧且 $\geq 0.4l_{ab}$ 后再弯折 15d；当水平段伸直对边仍不足 $0.4l_{ab}$ 时，则应钢筋代换，采用较小直径的钢筋。

（5）当上部钢筋为一排且满足 $l < 4h_b$ 时，可不将钢筋在端部斜弯下，而是伸至端部后再直弯；当上部钢筋为两排且满足 $l < 5h_b$ 时，可不将钢筋在端部斜弯下，而是伸至端部后直弯。

2. 悬挑梁下部纵筋配筋构造

悬挑端下部钢筋直锚长度为 15d。由于悬挑端下部受压，配筋量较少，钢筋直径不大，锚固长度 15d 一般都能实现柱内直锚。

3. 悬挑梁箍筋构造

悬挑梁根部第一根箍筋离支座 50mm，而端部因为没有支座，所以端部第一根箍筋离端部边缘减一个保护层厚度后再稍往内开始设置。箍筋根数计算时，可以减一个保护层厚度。

悬挑梁的正常箍筋构造与非框架梁相同，但是悬挑梁端部往往设有边梁，边梁相当于悬挑梁的次梁，所以就像主、次梁相交处需要设附加钢筋一样，悬挑梁端部也要设附加钢筋。附加钢筋分为附加箍筋和吊筋，悬挑梁内的弯起筋在端部所起的作用就像吊筋。

悬挑梁端部附加箍筋范围内梁正常箍筋照设。

5.6　框架梁识图操练

5.6.1　钢筋排列表

框架梁中设有各种钢筋，如果按照一定的顺序排列的话，在进行钢筋下料计算和钢筋工程量计算时，就很方便，又不漏项，所以先对框架梁钢筋进行排列，见表 5 - 13。

表 5 - 13　　　　　　　　　　　　钢 筋 排 列 表

跨位	钢筋位置	钢筋名称	钢筋构造	备　注
第一跨（端跨）	上部	上部通长筋	支座内锚固	见 16G101 - 1第 84 页
		左支座负筋（端支座）	左支座内锚固	
			向右跨内延伸长度	
		右支座负筋（中间支座）	向左、向右跨内延伸长度	

跨位	钢筋位置	钢筋名称	钢筋构造	备　　注
第一跨 （端跨）	下部	下部筋	左支座锚固（端支座）	见 22G101-1 第 89 页
			右支座锚固（中间支座）	
	中部	侧面构造钢筋	侧面构造钢筋构造	22G101-1 第 95 页
		侧面受扭钢筋	侧面受扭钢筋构造	
		箍筋	箍筋构造	
		附加箍筋、吊筋	附加箍筋、吊筋构造	
第二跨 （中间跨）		按照第一跨的右侧钢筋构造考虑		

…………

注 一般情况下，跨位排序从左向右为第一跨，第二跨，……

5.6.2 三跨楼层框架梁识图操练

通过三跨楼层框架梁 KL-4 平法施工图，绘制 KL-4 立面钢筋排布图和截面钢筋排布图，学习关键部位钢筋锚固长度计算，以提高楼层框架梁平法施工图的识读能力。

1. KL-4 平法施工图和工程信息

在某办公楼的工程施工图中截取了 KL-4 的平法施工图，用已学过的楼层框架梁平面注写方式，识读 KL-4 的平法施工图。KL-4 平法施工图和工程信息见图 5-41。

2. 绘制框架梁钢筋排布图的步骤

用实际的平法施工图纸绘制框架梁钢筋排布图的步骤如下：

（1）查看该框架梁的结构配筋图，确定与柱（墙或梁）的定位关系，必要时要查看柱（或墙）的定位图；

（2）绘制框架梁的外轮廓线，标注梁的跨长和净跨长；

（3）查看该框架梁的平法标注，按照表 5-13 的钢筋排列顺序，边计算锚固长度、延伸长度和箍筋加密区长度，边绘制立面钢筋排布图；

（4）在立面钢筋排布图上确定剖断面，再绘制剖断面处的截面钢筋排布图。确定剖断面的原则是：①纵向钢筋直径或根数发生变化；②截面尺寸发生变化。考虑 KL-4 对称，共给出 4 个剖面。

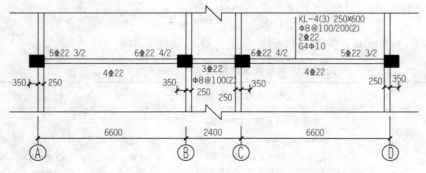

图 5-41 KL-4 平法施工图

3. 框架梁钢筋排布图

通过 KL-4 平法施工图，绘制立面钢筋排布图，见图 5-42，绘制截面钢筋排布图，见图 5-43。

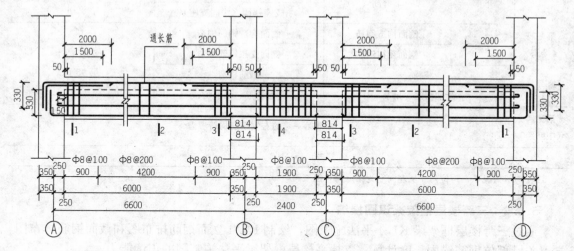

图 5-42　KL-4 立面钢筋排布图

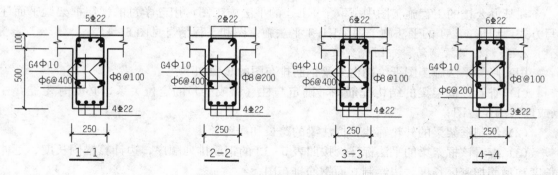

图 5-43　KL-4 截面钢筋排布图

4. 关键部位钢筋长度计算

框架梁端支座负筋柱内锚固：

$$\begin{cases} \geqslant 0.4l_{abE} \\ \leqslant h_c - c_c - d_1 - d_c - 25 \end{cases}$$

梁和柱保护层厚度 $c=20$mm，关键部位钢筋长度计算，见表 5-14。

表 5-14　　　　　　　　　　关键部位钢筋长度计算表　　　　　　　　　　　　　mm

跨位	钢筋	关键部位钢筋长度计算	分　　析
第一跨	左支座负筋锚固	$\geqslant 0.4l_{abE}=0.4\times37\times22=326$ $\leqslant h_c-c_c-d_1-d_c-25$ $=600-20-10-22-25=523$	满足要求，参见 22G101-1 第 89 页，18G901-1 相关内容
		弯折 $15d=15\times22=330$	

续表

跨位	钢筋	关键部位钢筋长度计算	分　析
第一跨	左支座负筋伸入梁内	$l_{n1}/3=6000/3=2000$ $l_{n1}/4=6000/4=1500$	满足要求，参见 22G101-1 第 89 页，18G901-1 相关内容
	右支座负筋伸入梁内	$l_n/3=6000/3=2000$ $l_n/4=6000/4=1500$	l_{n1} 和 l_{n2} 中取较大者
	下部筋左端锚固	$\geqslant 0.4l_{abE}=0.4\times37\times22=326$ $\leqslant600-20-10-22-25-22-25-22-25=429$ 弯折 $15d=15\times22=330$	满足要求，参见 22G101-1 第 89 页，18G901-1 相关内容
	下部筋右端锚固	$\geqslant l_{aE}=37\times22=814$（取） $\geqslant0.5h_c+5d=0.5\times600+5\times22=410$	参见 22G101-1 第 89 页
第二跨	上部筋	第二跨是小跨，第一跨右上筋和第三跨左上筋贯通此跨	
	下部筋左右端锚固相同	$l_{aE}=37\times22=814>0.5h_c+5d=0.5\times600+5\times22=410$	
第三跨		与第一跨对称	
侧向构造钢筋		$h_w=600-100-20-8-11=461>450$，支座内锚固：$15d=15\times10=150$	参见 22G101-1 第 97 页
箍筋加密区		$1.5h_b=1.5\times600=900>500$	参见 22G101-1 第 95 页

　注　框架梁排序从左向右为第一跨、第二跨、第三跨。

5.6.3　带悬挑楼层框架梁识图操练

　　建筑结构中纯悬挑梁结构较少见，大多数情况下框架梁的一端或二端带悬挑端，通过二跨带悬挑楼层框架梁 KL-2（2A）平法施工图，绘制立面钢筋排布图和截面钢筋排布图，学习关键部位钢筋长度计算，进一步理解和掌握带悬挑框架梁的平法知识。

　　1. KL-2（2A）平法施工图和工程信息

　　在某工程施工图中截取了 KL-2（2A）的平法施工图，用已学过的楼层框架梁和悬挑梁的平法知识，识读 KL-2（2A）的施工图。KL-2（2A）平法施工图和工程信息见图 5-44。

　　2. 绘制带悬挑框架梁钢筋排布图的步骤

　　用实际的平法施工图纸绘制带悬挑框架梁钢筋排布图的步骤如下：

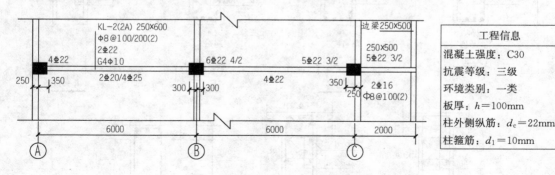

图 5-44　KL-2（2A）平法施工图

　　（1）查看该框架梁的结构配筋图，确定与柱（墙或梁）的定位关系，必要时要查看柱（或墙）的定位图，再确定悬挑梁的位置。

　　（2）绘制框架梁的外轮廓线，标注梁的跨长和净跨长。

（3）注意悬挑梁的原位标注，如上部筋的表示和下部筋的表示，有的施工图纸中把悬挑梁的下部钢筋写在图纸的"说明"中，用"架立筋"来表述。

（4）查看该框架梁的平法标注，按照表 5 - 12 的钢筋排列顺序，边计算锚固长度、延伸长度和箍筋加密区长度，边绘制立面钢筋排布图。

（5）在立面钢筋排布图上确定剖断面，再绘制剖断面处的截面钢筋排布图。确定剖断面的原则是：①纵向钢筋直径或根数发生变化；②截面尺寸发生变化。所以 KL-2（2A）共给出 7 个剖面：第一跨的左、中、右各给一个剖面，第二跨的左、中、右各给一个剖面，悬挑梁给一个剖面。

3. 带悬挑框架梁钢筋排布图

通过 KL-2（2A）平法施工图，绘出立面钢筋排布图，见图 5 - 45，绘出截面钢筋排布图，见图 5 - 46。

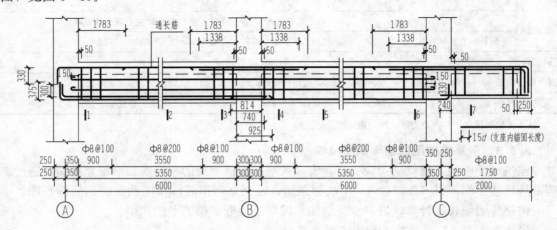

图 5 - 45　KL-2（2A）立面钢筋排布图

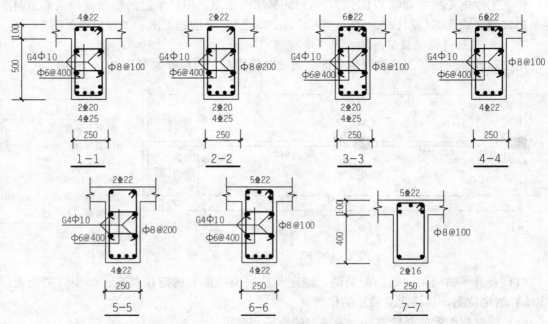

图 5 - 46　KL-2（2A）截面钢筋排布图

4. 关键部位钢筋长度计算

框架梁端支座负筋柱内锚固：

$$\begin{cases} \geqslant 0.4l_{abE} \\ \leqslant h_c - c_c - d_1 - d_c - 25 \end{cases}$$

梁和柱保护层厚度 $c = 20mm$。关键部位钢筋长度计算，见表 5 - 15。

表 5 - 15　　　　　　　　　　　　关键部位钢筋长度计算表　　　　　　　　　　　　mm

跨位	钢　　筋		关键部位钢筋长度计算	分　　析
第一跨	左支座负筋锚固		$\geqslant 0.4l_{abE} = 0.4 \times 37 \times 22 = 326$	满足要求，参见 22G101 - 1 第 89 页，18G901 - 1 相关内容
			$\leqslant 600 - 20 - 10 - 22 - 25 = 523$	
			弯折 $15d = 15 \times 22 = 330$	
	左支座负筋伸入梁内		$l_{n1}/3 = 5350/3 = 1783$	只有第一排筋
	右支座负筋伸入梁长度	第一排	$l_{n1}/3 = 5350/3 = 1783$	l_{n1} 和 l_{n2} 中取较大者，现 $l_{n1} = l_{n2}$
		第二排	$l_{n1}/4 = 5350/4 = 1338$	
	下部筋左端锚固	第一排	$\geqslant 0.4l_{abE} = 0.4 \times 37 \times 25 = 370$	满足要求，参见 22G101 - 1 第 89 页，18G901 - 1 相关内容
			$\leqslant 600 - 20 - 10 - 22 - 25 - 22 - 25 = 476$	
			弯折 $15d = 15 \times 25 = 375$	
		第二排	$\geqslant 0.4l_{abE} = 0.4 \times 37 \times 20 = 326$	
			$\leqslant 476 - 25 - 25 = 426$	
			弯折 $15d = 15 \times 20 = 300$	
	下部筋右端锚固	第一排	$l_{aE} = 37 \times 25 = 925 > 0.5h_c + 5d = 0.5 \times 600 + 5 \times 25 = 425$	
		第二排	$l_{aE} = 37 \times 20 = 740 > 0.5h_c + 5d = 0.5 \times 600 + 5 \times 20 = 400$	
第二跨	左支座负筋伸入梁长度		计算同第一跨右支座	
	右支座负筋伸入梁长度	第一排	$l_{n2}/3 = 5350/3 = 1783$	参见 22G101 - 1 第 89 页
		第二排	$l_{n2}/4 = 5350/4 = 1338$	
	下部筋左端锚固		$l_{aE} = 37 \times 22 = 814 > 0.5h_c + 5d = 0.5 \times 600 + 5 \times 22 = 410$	
	下部筋右端锚固		$\geqslant 0.4l_{abE} = 0.4 \times 37 \times 22 = 326$	满足要求，参见 22G101 - 1 第 89 页，18G901 - 1 相关内容
			$\leqslant 600 - 20 - 10 - 22 - 25 = 523$	
			弯折 $15d = 15 \times 22 = 330$	
侧面构造筋			$h_w = 600 - 100 - 20 - 8 - 11 = 461 > 450$，锚固长 $15d = 15 \times 10 = 150$	参见 22G101 - 1 第 97 页
箍筋加密区			$1.5h_b = 1.5 \times 600 = 900 > 500$	参见 22G101 - 1 第 95 页
悬挑端			因 $l = 1750 < 5h_b = 5 \times 500 = 2500$	参见 22G101 - 1 第 99 页
			故伸至端部弯直钩：$\geqslant 12d = 12 \times 22 = 264$，且到 $h_b - 2c = 500 - 2 \times 20 = 460$，故取 460	
			下部筋支座内锚固：$15d = 15 \times 16 = 240$	
			$h_w < 450$，无侧面构造钢筋	参见 22G101 - 1 第 97 页

5.6.4　屋面框架梁识图操练

通过平法施工图，绘制 WKL-2 的立面钢筋排布图和截面钢筋排布图，学习关键部位钢筋锚固长度计算，进一步深入掌握平法知识，提高混凝土结构识图能力。

1. WKL-2 平法施工图和工程信息

在某办公楼的工程施工图中截取了 WKL-2 的平法施工图，用已学过的屋面框架梁平面注写方式，识读 WKL-2 的平法施工图。WKL-2 平法施工图和工程信息见图 5-47。

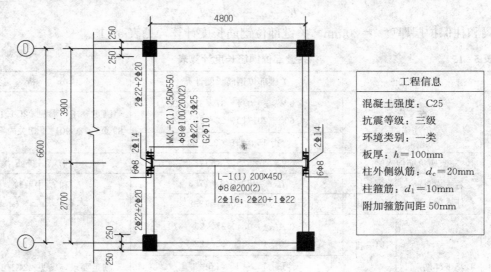

工程信息
混凝土强度：C25
抗震等级：三级
环境类别：一类
板厚：$h=100$mm
柱外侧纵筋：$d_c=20$mm
柱箍筋：$d_1=10$mm
附加箍筋间距 50mm

图 5-47　WKL-2 平法施工图

2. 屋面框架梁钢筋排布图

通过 WKL-2 平法施工图，绘制立面钢筋排布图，见图 5-48，绘制截面钢筋排布图，见图 5-49。绘制屋面框架梁立面钢筋排布图时，必须同时考虑"屋面框架梁纵向钢筋构造"和"框架边柱和角柱柱顶纵向钢筋构造"，本例采用 22G101-1 第 71 页的柱外侧纵向钢筋和梁上部钢筋在柱顶外侧直线搭接构造。

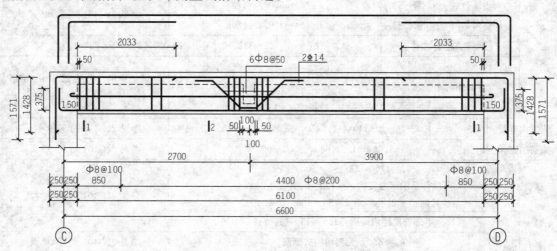

图 5-48　WKL-2 立面钢筋排布图

3. 梁上部纵筋配筋率的计算

梁上部纵筋配筋率等于梁上部纵筋（包括两根角筋）的截面面积除以梁的有效截面

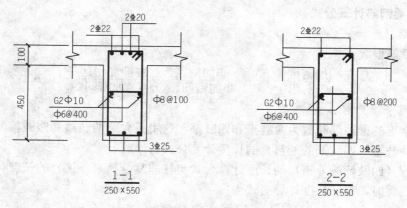

图 5-49 WKL-2 截面钢筋排布图

面积。

梁的有效高度 $h_0 = h - a_s = 550 - 45 = 505$

梁上部纵筋 2Φ22+2Φ20，$A_s = 1388$

$$\rho = \frac{A_s}{bh_0} = \frac{1388}{250 \times 505} = 1.10\% < 1.2\%$$

4. 关键部位钢筋长度计算

梁和柱保护层厚度 $c = 25\text{mm}$，关键部位钢筋长度计算见表 5-16。

表 5-16   关键部位钢筋长度计算表   mm

钢　筋	关键部位钢筋长度计算	分　析
支座负筋锚固	$1.7l_{abE} = 1.7 \times 42 \times 22 = 1571$ $1.7l_{abE} = 1.7 \times 42 \times 20 = 1428$	参见 22G101-1 第 71 页 和第 90 页
支座负筋伸入梁内	$l_{n1}/3 = 6100 = 2033$	只有第一排筋
下部筋锚固	$\geqslant 0.4l_{abE} = 0.4 \times 42 \times 25 = 420$ $\leqslant h_c - c_c - d_1 - d_c - 25 - d_{\pm} - 25$ $= 500 - 25 - 10 - 20 - 25 - 22 - 25$ $= 373$ 弯折 $15d = 15 \times 25 = 375$	满足要求，参见 22G101-1 第 90 页，18G901-1 相关内容
侧面构造筋	$h_w = 550 - 100 = 450$，支座内锚固：$15d = 15 \times 10 = 150$	
箍筋加密区	$1.5h_b = 1.5 \times 550 = 825 > 500$，取 850	

5.7 框架梁钢筋计算操练

钢筋计算一般指下料钢筋计算和预算钢筋计算，二者对计算精度要求不同，所用公式也不同，这里只讲预算钢筋计算。

5.7.1　梁钢筋计算公式

1. 梁箍筋根数计算公式

每跨梁箍筋根数：

$$n = \frac{左端加密区-50}{加密间距} + \frac{非加密区}{非加密间距} + \frac{右端加密区-50}{加密间距} + 1 \tag{5-1}$$

2. 梁箍筋长度计算公式

工程中常见的梁箍筋肢数为两肢箍和四肢箍，这里只介绍两肢箍和四肢箍的计算公式。

(1) 梁两肢箍（四肢箍的外箍）的长度计算公式。

梁两肢箍（四肢箍的外箍）的长度计算公式与柱非复合箍（外箍）的长度计算公式完全相同，考虑抗震时，箍筋长度计算公式为

$$L = 2(b+h) - 8c + \max(25.8d, 150+5.8d) \tag{5-2}$$

不同箍筋直径情况下箍筋长度的计算公式见表 5-7。

(2) 梁四肢箍的内箍长度计算公式。

梁四肢箍的内箍长度与柱 4×4 复合箍的内箍长度计算公式完全相同，考虑抗震时，内箍的长度计算公式为

$$L = 2(b-2c)/3 + 2(h-2c) + 1.3D + \max(27.1d, 150+7.1d) \tag{5-3}$$

式中　D——梁纵筋直径；

　　　d——箍筋直径。

不同箍筋直径情况下箍筋长度的计算公式见表 5-7。

3. 梁拉筋根数计算公式

当梁内设有侧面构造钢筋或侧面受扭钢筋时，需要设拉筋同时勾住纵筋和箍筋。当某跨梁箍筋分为加密区和非加密区时拉筋间距为该跨梁箍筋非加密间距的 2 倍，此时该跨梁的每行拉筋根数的计算公式为

$$n = \frac{梁跨净长-100}{2×非加密间距} + 1 \tag{5-4}$$

当某跨梁只有一种箍筋间距时，拉筋间距为该跨梁箍筋间距的 2 倍，此时该跨梁的每行拉筋根数的计算公式为

$$n = \frac{梁跨净长-100}{2×箍筋间距} + 1 \tag{5-5}$$

当设有 m 行拉筋时，每跨梁的拉筋根数为 $n×m$。

4. 梁拉筋长度计算公式

当梁内设有侧面构造钢筋或侧面受扭钢筋时，拉筋要同时钩住侧面钢筋和箍筋，并在端部做 135° 的弯钩，见图 5-50。考虑抗震时，拉筋的长度

$$L = b - 2c + 2d + 2×弯钩长$$
$$= b - 2c + 2d + 2\max(12.9d, 75+2.9d)$$

上式整理后，拉筋的长度计算公式为

$$L = b - 2c + \max(27.8d, 150+7.8d) \tag{5-6}$$

不同拉筋直径情况下拉筋长度的计算公式见表 5-17。

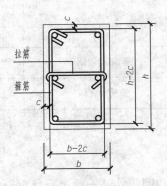

图 5-50　梁箍筋、拉筋图样

表 5 - 17　　　　　　　　　　　梁箍筋和拉筋长度计算公式表　　　　　　　　　　mm

箍筋或拉筋	适用范围	直径 d	箍筋或拉筋长度计算公式
两肢箍（复合箍的外箍）	受扭		$L=2(b+h)-8c+25.8d$
	抗震	$d=8,10,12$	$L=2(b+h)-8c+25.8d$
		$d=6$	$L=2(b+h)-8c+150+5.8d$
	非抗震		$L=2(b+h)-8c+15.8d$
内箍	抗震		$L=2\{[(b-2c-2d-D)/$间距个数$]\times$内箍占间距个数$+D+2d\}+2(h-2c)+2\max(12.9d,75+2.9d)$
	非抗震		$L=2\{[(b-2c-2d-D)/$间距个数$]\times$内箍占间距个数$+D+2d\}+2(h-2c)+15.8d$
四肢箍的内箍	受扭		$L=2(b-2c)/3+2(h-2c)+1.3D+27.1d$
	抗震	$d=8,10,12$	$L=2(b-2c)/3+2(h-2c)+1.3D+27.1d$
		$d=6$	$L=2(b-2c)/3+2(h-2c)+1.3D+150+7.1d$
	非抗震		$L=2(b-2c)/3+2(h-2c)+1.3D+17.1d$
拉筋	受扭		$L=b-2c+27.8d$
	抗震	$d=8,10,12$	$L=b-2c+27.8d$
		$d=6$	$L=b-2c+150+7.8d$
	非抗震		$L=b-2c+17.8d$

5.7.2　框架梁钢筋计算操练

1. 计算步骤

现取某办公楼施工图中 $KL4$ 的平法施工图（见图 5 - 42）进行钢筋计算操练，并学习钢筋造价长度计算。计算钢筋步骤如下：

第一步：画梁钢筋计算简图，见图 5 - 51。梁纵筋采用焊接连接，焊接连接不影响钢筋长度的计算。

第二步：对梁钢筋编号。从左到右、从上到下、从主到次的顺序编号。

第三步：按照编号顺序计算纵筋和箍筋。

2. 计算分析

（1）梁、柱保护层厚度为 20mm，$l_{abE}=37d$，$l_{aE}=37d$。

（2）纵筋计算。在"抗震框架梁识图操练"时，对关键部位的钢筋长度进行过计算，但是在"钢筋计算"环节要以预算钢筋计算为主，计算过程可以简化，没有必要完全按照钢筋排布要求进行计算。所以框架梁纵筋计算时，可以认为纵筋到构件边缘减一个柱保护层厚度。值得注意的是，框架梁以框架柱为支座，梁纵筋伸入柱内锚固，所以要取柱保护层厚度而不是梁保护层厚度。

（3）梁纵筋在端支座弯钩长度：$15d=15\times22=330$（mm）。

（4）梁下部纵筋在中间支座锚固长度要求：$\max(l_{aE},0.5h_c+5d)=\max(814,410)=814$（mm）。

（5）第二跨是小跨，当两大跨中间为小跨，且小跨净尺寸小于左、右两大跨净跨尺寸之和的 1/3 时，小跨上部纵筋要采取贯通全跨的方式。

小跨净长：

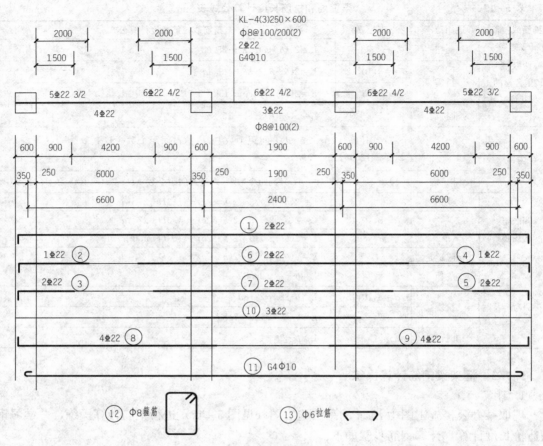

图 5-51 梁钢筋计算简图

$$(2400 - 2 \times 250) = 1900 < 2 \times (6600 - 250 - 350)/3 = 4000(\text{mm})$$

所以第二跨上部纵筋贯通全跨。

（6）框架梁箍筋加密区范围：$\max(1.5h_b，500) = \max(900，500) = 900$（mm）。第二跨只有一种箍筋间距，不分加密区和非加密区。

（7）侧面构造钢筋。侧面构造钢筋是光圆钢筋（HPB300），不考虑定长问题，同时为了施工方便和快捷，支座处可以不断开而贯通布置。

3. 钢筋计算

按照编号顺序计算框架梁纵筋和箍筋，计算过程见表 5-18。

表 5-18　　　　　　　　　　　KL4 钢 筋 计 算 表

钢筋名称		编号	钢筋规格	计算式（mm）	根数	长度(m)
上部通长筋		1	Φ 22	$L=6600+2400+6600+350 \times 2 - 2 \times 20 + 2 \times 15 \times 22 = 16\,920$	2	33.840
第一跨 左负筋	一排	2	Φ 22	$L=15 \times 22 + 600 - 20 + 2000 = 2910$	1	2.910
	二排	3	Φ 22	$L=15 \times 22 + 600 - 20 + 1500 = 2410$	2	4.820

续表

钢筋名称		编号	钢筋规格	计算式（mm）	根数	长度（m）
第三跨 右负筋	一排	4	Φ22	$L=2000+600-20+15\times22=2910$	1	2.910
	二排	5	Φ22	$L=1500+600-20+15\times22=2410$	2	4.820
跨越中间 支座上部筋	一排	6	Φ22	$L=2\times2000+2\times600+1900=7100$	2	14.200
	二排	7	Φ22	$L=2\times1500+2\times600+1900=6100$	2	12.200
第一跨下部筋		8	Φ22	$L=15\times22+600-20+6000+814=7724$	4	30.896
第三跨下部筋		9	Φ22	$L=7724$	4	30.896
第二跨下部筋		10	Φ22	$L=814\times2+1900=3528$	3	10.584
侧向构造钢筋		11	Φ10	$L=15\times10\times2+6000\times2+1900+600\times2+6.25\times10\times2$ $=15\,525$	4	62.100
箍筋		12	Φ8	$L=2\times(250+600)-8\times20+25.8\times8=1746$ $n=2\times[2\times(900-50)/100+4200/200+1]$ $+[(1900-100)/100+1]=99（根）$	99	172.894
拉筋		13	Φ6	$L=250-2\times20+150+7.8\times6=407$ $n=2\times\{2\times[(6000-100)/400+1]$ $+[(1900-100)/200+1]\}=84（根）$	84	34.188

合计长度：Φ22：148.076m；Φ10：62.100m；Φ8：172.894m；Φ6：34.188m
合计质量：Φ22：441.859kg；Φ10：38.316kg；Φ8：68.293kg；Φ6：7.590kg

注 1. 计算钢筋根数时，每个商取整数，只入不舍。
　　2. 质量＝长度×钢筋单位理论质量。

实 操 题

1. 请看图 5-52 L-1 平法施工图，画出立面钢筋排布图和截面钢筋排布图，并计算钢筋。已知混凝土强度等级为 C25，环境类别为一类，现浇板厚度为 80mm。

2. 请看图 5-53 L-2 平法施工图，画出立面钢筋排布图和截面钢筋排布图，并计算钢筋。已知混凝土强度等级为 C30，环境类别为一类，现浇板厚度为 100mm。

3. 请看图 5-54 KL-3（3）平法施工图，画出立面钢筋排布图和截面钢筋排布图，并计算钢筋。已知混凝土强度等级为 C25，环境类别为一类，现浇板厚度为 100mm，框架抗震等级三级。

4. 请看图 5-55 WKL-1 平法施工图，画出立面钢筋排布图和截面钢筋排布图，并计算钢筋。已知混凝土强度等级为 C30，环境类别为一类，现浇板厚度为 80mm，框架抗震等级二级。

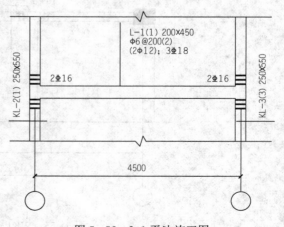

图 5-52　L-1 平法施工图

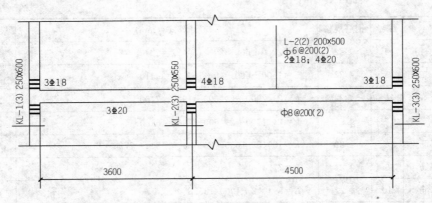

图 5 - 53　L-2 平法施工图

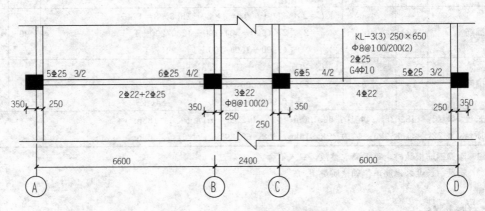

图 5 - 54　KL-3（3）平法施工图

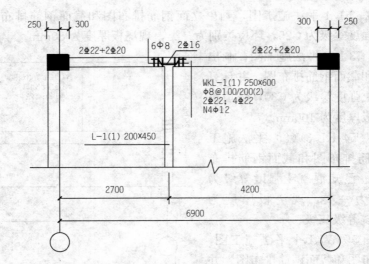

图 5 - 55　WKL-1 平法施工图

项目 6

板平法识图与钢筋计算

本项目相关资源

看一看、想一想

图 6-1 和图 6-2 是楼面板钢筋的现场实景照片，请仔细观察楼面板的底部钢筋、上部钢筋和支座负筋，想一想平法施工图中这些钢筋会怎么表示？

图 6-1 单层布筋板

图 6-2 双层布筋板

6.1 板的平法设计规则

6.1.1 板的分类

板包括楼面板和屋面板，是房屋结构中重要的水平承重构件，它把荷载传递到梁或墙上。当为无梁楼盖时，板荷载直接传递到柱上。当板的位置（与梁、墙的关系）不同时，由于受力不同，配筋构造不同，就会有各种情况的板。板的分类、板内钢筋分类，以及各种形状板的分类，见图 6-3。

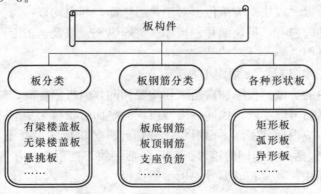

图 6-3 板、板钢筋、各种形状板分类

下面再按照不同的依据，对板进行分类，见表 6 - 1。

表 6 - 1   板 的 分 类

分类依据	板的名称	特　　点
按板的受力方式分	单向板	短跨方向布置主筋，长跨方向布置分布筋
	双向板	两个互相垂直的方向均布置主筋
按板的配筋方式分	单层布筋板	板下部布置贯通筋，板上部周边布置支座负筋
	双层布筋板	板的上部和下部均布置贯通纵筋
按板的位置分	楼面板	各楼层面板
	屋面板	屋顶面板
	延伸悬挑板	悬挑板上部钢筋从板跨一直贯通到悬挑板端部
	纯悬挑板	悬挑板上部钢筋锚固在根部梁内

6.1.2　板编号规定

G101 - 1 图集包括现浇混凝土楼面板与屋面板平法制图规则和构造详图，该图集针对板块进行编号，编号由代号和序号组成，见表 6 - 2。

表 6 - 2   板 块 编 号

板的类型	代　　号	序　　号	举　　例
楼面板	LB	××	LB1
屋面板	WB	××	WB2
纯悬挑板	XB	××	XB4

6.1.3　板平法制图规则

G101 - 1 图集中对板钢筋标注分为集中标注和原位标注两种。集中标注的主要内容是板的贯通纵筋，原位标注的主要内容是针对板的非贯通纵筋（支座负筋）。

下面分别介绍平法板的集中标注和原位标注。

一、板块集中标注

图集的集中标注以"板块"为单位。对于普通楼面，两向均以一跨为一块板。

板块集中标注的内容有：板块编号、板厚、贯通纵筋，以及当板面标高不同时的标高高差。板块集中标注见图 6 - 4。

（1）板块编号：按照表 6 - 2 规定编号。

相同编号的板块的类型、板厚和贯通纵筋均要相同，但板面标高、跨度、平面形状以及板支座上部非贯通纵筋可以不同，如同一编号板块的平面形状可为矩形、多边形及其他形状等。施工和预算时，应根据其实际平面形状，分别计算各块板的混凝土与钢材用量。例如，图 6 - 3 中的 LB1 就包括大小不同的矩形板，还包括一块刀把形板。在图中，仅在其中某一块板上进行了集中标注，其他相同编号的板参照执行。

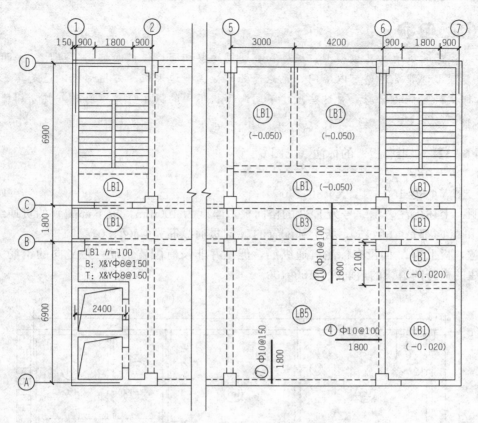

图 6-4　板平法施工图 (1)

（2）板厚注写：板厚注写为 $h=\times\times\times$，例如：$h=100$。

当悬挑板的端部改变截面厚度时，注写为 $h=\times\times\times/\times\times\times$（斜线前为板根的厚度，斜线后为板端的厚度），例如：$h=80/60$。

（3）贯通纵筋：贯通纵筋按板块的下部纵筋（用 B 表示）和上部纵筋（用 T 表示）分别注写（当板块上部不设贯通纵筋时则不注）。

【例 6-1】 单层单向布筋板（单向板）

LB4　$h=100$

B：$Y\phi10@150$

说明：上述标注表示编号为 LB4 的楼面板，厚度为 100mm，板下部布置 Y 向贯通纵筋 $\phi10@150$，板下部 X 向布置的分布筋不必进行集中标注，而在施工图中统一注明。

【例 6-2】 双层双向布筋板（见图 6-4 左侧）

LB1　$h=100$

B：$X\&Y\phi8@150$　　T：$X\&Y\phi8@150$

说明：上述标注表示编号为 LB1 的楼面板，厚度为 100mm，板下部配置的贯通纵筋无论 X 向和 Y 向都是 $\phi8@150$，板上部配置的贯通纵筋无论 X 向和 Y 向都是 $\phi8@150$。

需要说明的是，虽然 LB1 的钢筋标注只在①～②轴线的一块楼板上进行，但是，本楼层上所有注明"LB1"的楼板都执行上述标注的配筋。

**特别提示**

　　相同编号的板块，其板类型、板厚和贯通筋均要相同，但板面标高、跨度、平面形状以及板支座上部非贯通筋可以不同。无论是矩形板、多边形板、刀把形板，还是其他形状的板，都执行同样的配筋。对这些尺寸不同或形状不同的板，计算钢筋时，要分别计算每一块板的钢筋用量。

【例6-3】　"走廊板"的标注（见图6-5）

LB3　　$h=100$

B：X&Yϕ8@150　T：Xϕ8@150

　　说明：上述标注表示编号为LB3的楼面板，厚度为100mm，板下部配置的贯通纵筋无论X向和Y向都是ϕ8@150，板上部配置的X向贯通纵筋为ϕ8@150。

　　注意，板上部Y向没有标注贯通纵筋，但是并非没有配置钢筋——Y向的钢筋为支座原位标注的横跨两道梁的负筋⑨ϕ10@100。

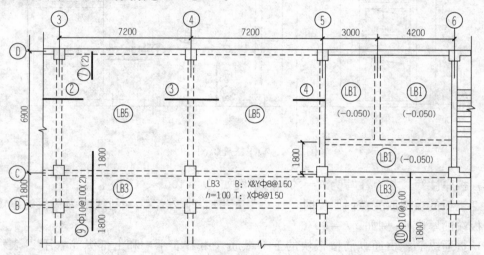

图6-5　板平法施工图（2）

　　另外，该LB3的集中标注虽然是注写在④～⑤轴线的走廊板上，但在③～④轴线和⑤～⑥轴线的走廊板LB3都执行上述标注的贯通纵筋，只是横跨这几块板的负筋规格和间距不同。

　　（4）板面标高高差。板面标高高差是指相对于结构层楼面标高的高差，应将其注写在括号内。有高差则注，无高差则不注。

　　例如：（-0.100）表示本板块比本层楼面标高低0.100m。

【例6-4】　"低板"的标注（见图6-5右上角）

　　该图的⑤～⑥轴线之间有三块LB1板，在这些板上都标注有（-0.050），这表示这三块板比本层楼面标高低0.050m。

　　应该注意，由于这三块板的板面标高比周围的板要低0.050m，所以⑤轴线左边板上的负筋只能做成单侧负筋，即该负筋不能跨越⑤轴线的KL扣到⑤轴线右边的LB1板上。

二、板支座原位标注

板支座原位标注的内容为：板支座上部非贯通纵筋（即支座负筋）和纯悬挑板上部受力钢筋。

1. 板支座原位标注的基本方式

（1）采用垂直于板支座（梁或墙）的一段适宜长度的中粗实线来代表负筋，在负筋的上方注写：钢筋编号、配筋值、横向连续布置的跨数（注写在括号内，当为一跨时可不注），以及是否横向布置到梁的悬挑端。

（2）在负筋的下方注写自支座中线向跨内的延伸长度。

2. 板支座原位标注举例

（1）单侧负筋（单跨布置）。

图 6-6 中，②轴线梁上的单侧负筋①号钢筋，在负筋的上部标注：①φ8@150，在负筋的下部标注 1000。这表示这个编号为①号的负筋，规格和间距为φ8@150，从梁中线向跨内的延伸长度为 1000mm（见图 6-6 左侧）。

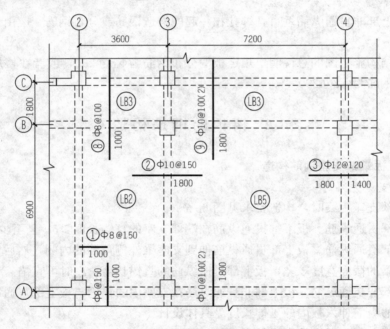

图 6-6　支座处板负筋原位标注

应该注意：这个负筋上部标注的后面没有带括号的内容，说明这个负筋①只在当前跨（即一跨）的范围内进行布置。

（2）双侧负筋（向支座两侧对称延伸）。

例如：一根横跨一道框架梁的双侧负筋②号钢筋（见图 6-6 中间部位）。

在负筋的上部标注：②φ10@150；

在负筋的下部右侧标注：1800；

在负筋下部的左侧为空白，没有尺寸标注。

这表示这根②号负筋从梁中线向右侧跨内的延伸长度为 1800mm，而因为双侧负筋的左侧没有尺寸标注，则表明该负筋向支座两侧对称延伸，即向左侧跨内的延伸长度也是1800mm。所以，②号负筋的水平段长度＝1800＋1800＝3600（mm）。

作为通用的计算公式：

双侧负筋的水平段长度＝左侧延伸长度＋右侧延伸长度

（3）双侧负筋（向支座两侧非对称延伸）。

例如：一根横跨一道框架梁的双侧负筋③号钢筋（见图6-6右侧）。

在负筋的上部标注：③Φ12@120；

在负筋下部的左侧标注：1800；

在负筋下部的右侧标注：1400。

则表示③号负筋向支座两侧非对称延伸，即从梁中线向左侧跨内的延伸长度为1800mm，从梁中线向右侧跨内的延伸长度为1400mm。

所以，③号负筋的水平段长度＝1800＋1400＝3200（mm）。

3. 板上部构造钢筋或分布钢筋

与板支座上部非贯通纵筋垂直且绑扎在一起的构造钢筋或分布钢筋，应由设计者在图中注明。

例如：在结构施工图的总说明里规定板的分布钢筋为Φ8@250，或者在楼层结构平面图上规定板分布钢筋为Φ8@200等。

6.2 楼板的钢筋构造

6.2.1 楼板端部支座钢筋构造

1. 当端部支座为梁时

当板的端部支座为梁时，构造要求见图6-7（a）。

（1）板下部贯通纵筋。板下部贯通纵筋在端部支座的直锚长度≥5d且至少到梁中线。

（2）板上部贯通纵筋。板上部贯通纵筋伸到支座梁外侧角筋的内侧，然后弯钩15d。当端支座梁的截面宽度较宽，板上部贯通纵筋的直锚长度≥l_a时可直锚。

（3）板上部非贯通纵筋。板上部非贯通纵筋在支座内的锚固与板上部贯通纵筋相同，只是板上部非贯通纵筋伸入板内的延伸长度见具体设计。

（4）讨论板上部贯通纵筋弯锚长度采用l_a还是l_{aE}。

在板上部贯通纵筋弯锚长度的计算中，应该采用l_a，而不是l_{aE}，因为在板的设计中不考虑抗震因素。

在房屋结构设计中，当水平地震力到来时，框架柱和剪力墙首当其冲，是第一道防线，框架梁是耗能构件，起到了化解地震能量的作用，相当于一个缓冲区。到了非框架梁（次梁）这一层次，已经不需要考虑地震作用了，再到了板这一层次，就更不需要考虑地震作用。鉴于这种原因，即使整个房屋考虑抗震作用（例如一、二级抗震等级），对于板来说也是不考虑地震影响的。所以，在板上部贯通纵筋弯锚长度的计算中，是采用l_a而不是l_{aE}。

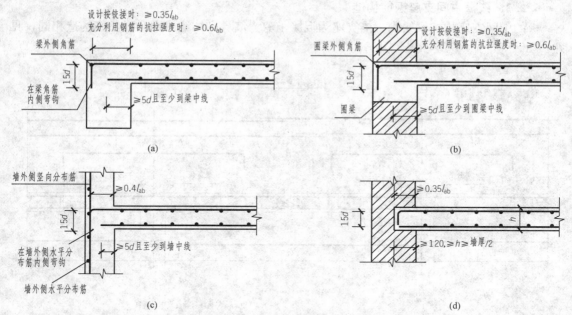

注：纵筋在端支座应伸至支座(梁、圈梁或剪力墙)外侧纵筋内侧后弯折，当平直段长度≥l_a时可不弯折。

图 6-7　板钢筋在端支座锚固构造

(a) 端支座为梁；(b) 端支座为砌体墙的圈梁；(c) 端支座为剪力墙；(d) 端支座为砌体墙

✎ 特别提示

　　平法中的楼面板与屋面板，支撑它们的主体结构不论是抗震还是非抗震，板自身的各种钢筋构造均不考虑抗震要求，即锚固长度均用 l_a。

　　2. 当端部支座为圈梁时

　　当板的端部支座为圈梁时，构造要求见图 6-7 (b)。

　　(1) 板下部贯通纵筋在端部支座的直锚长度≥5d 且至少到圈梁中线。

　　(2) 板上部贯通纵筋伸到圈梁外侧角筋的内侧，然后弯钩 15d。

　　3. 当端部支座为剪力墙时

　　当板的端部支座为剪力墙时，构造要求见图 6-7 (c) 图。

　　(1) 板下部贯通纵筋在端部支座的直锚长度≥5d 且至少到墙中线。

　　(2) 板上部贯通纵筋伸到墙身外侧水平分布筋的内侧，然后弯钩 15d。

　　4. 当端部支座为砌体墙时

　　当板的端部支座为砌体墙时，构造要求见图 6-7 (d)。

　　(1) 板在端部支座的支承长度≥120，≥h (h 为楼板的厚度) 且≥墙厚/2。

　　说明：这个支承长度确定了混凝土板的长度，间接地确定了板上部纵筋和下部纵筋的长度。

　　(2) 板下部贯通纵筋伸至板端部减一个保护层厚度。

　　(3) 板上部贯通纵筋伸至板端部减一个保护层厚度，然后弯钩 15d。

6.2.2 楼板中间支座钢筋构造

板的中间支座均按梁绘制，当支座为混凝土剪力墙、砌体墙或圈梁时，其构造相同，见图 6-8。

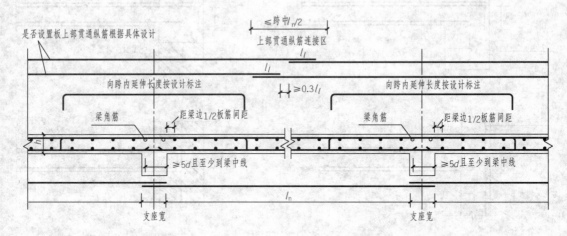

注：此构造同样适用于屋面板。

图 6-8 楼板钢筋构造

1. 板下部纵筋

与支座垂直的贯通纵筋：伸入支座 $5d$ 且至少到梁中线；

与支座平行的贯通纵筋：第一根钢筋在距梁边为 1/2 板筋间距处开始设置。

2. 板上部纵筋

（1）贯通纵筋。

1）与支座垂直的贯通纵筋：应贯通跨越中间支座。

2）与支座平行的贯通纵筋：第一根钢筋在距梁边为 1/2 板筋间距处开始设置。

（2）非贯通筋（负筋）。非贯通筋（与支座垂直）向跨内延伸长度详见具体设计。

非贯通筋的分布筋（与支座平行）构造见图 6-9，从支座边缘算起，第一根分布筋从 1/2 分布筋间距处开始设置；在负筋拐角处必须布置一根分布筋；在负筋的直段范围内按分布筋间距进行布置。板分布筋的直径和间距一般在结构施工图的说明中给出。

 特别提示

楼面板和屋面板中，不论是受力钢筋还是构造钢筋（分布筋）当与梁（墙）纵向平行时，在梁（墙）宽度范围内不布置钢筋。

6.2.3 楼板钢筋连接、搭接构造

1. 板上部贯通纵筋连接（见图 6-9）

上部贯通纵筋连接区在跨中净跨的 1/2 跨度范围之内（跨中 $l_n/2$）。当相邻等跨或不等跨的上部贯通纵筋配置不同时，应将配置较大者越过其标注的跨数终点或起点延伸至相邻跨的跨中连接区域连接。

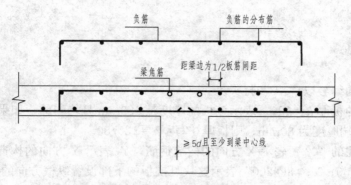

图 6 - 9   中间支座板上部非贯通筋构造

2. 负筋分布筋搭接构造（见图 6 - 10）

在楼板角部矩形区域，纵横两个方向的负筋相互交叉，已形成钢筋网，所以这个角部矩形区域不应该再设置分布筋，否则，四层钢筋交叉重叠在一块，混凝土不能包裹住钢筋。负筋分布筋伸进角部矩形区域 150mm。分布筋并非一点都不受力，所以 HPB300 钢筋做分布筋时，钢筋端部需要加 180°的小弯钩。

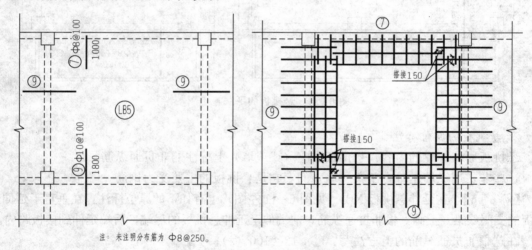

注：未注明分布筋为 Φ8@250。

图 6 - 10   负筋分布筋的搭接构造

6.3   悬挑板的平法标注及钢筋构造

悬挑板有两种：一种是延伸悬挑板，即楼面板（屋面板）的端部带悬挑，如挑檐板、阳台板等；另一种是纯悬挑板，即仅在梁的一侧带悬挑的板，常见的有雨篷板。

6.3.1   悬挑板的标注方式

1. 悬挑板的集中标注

悬挑板集中标注的内容：在悬挑板上注写板的编号、厚度、板的贯通纵筋和构造钢筋。

【例 6 - 5】   在某一块悬挑板上有如下的集中标注（见图 6 - 11 左图）：

XB1　　$h=120$

B：$X_c\phi 8@150$；$Y_c\phi 8@200$

T：$X\phi 8@150$

说明：

（1）悬挑板的编号以"XB"打头。

（2）悬挑板的板厚 $h=120$，表示该板的厚度是 120mm 且均匀的。如果该板的板根厚度为 120mm、板前端厚度为 80mm，则板厚注写：$h=120/80$。

（3）上述标注的"X_c"表示 X 方向的构造钢筋，Y_c 表示 Y 方向的构造钢筋。所以，上述"B：$X_c\phi 8@150$；$Y_c\phi 8@200$"表示这块悬挑板的下部设置纵横方向的构造钢筋；

（4）上述标注的"T：$X\phi 8@150$"，表示这块悬挑板的上部设置 X 方向的贯通纵筋（也即悬挑板受力主筋的分布筋）。

（5）在这个例子中，没有进行 Y 方向顶部贯通纵筋的集中标注（此钢筋是悬挑板的主要受力钢筋），这个方向的钢筋由悬挑板的原位标注来布置。

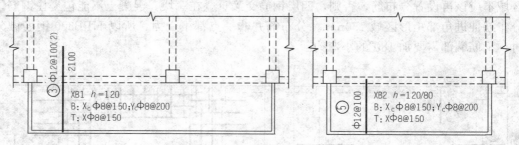

图 6-11　悬挑板的平法施工图

2. 悬挑板的原位标注

悬挑板原位标注的内容：悬挑板支座（梁或墙）上标注的非贯通纵筋。

这些非贯通纵筋是垂直于梁（墙）的，它是悬挑板的主要受力钢筋。

【例 6-6】　在延伸悬挑板 XB1（见图 6-11 左图）上有如下的原位标注：在垂直于延伸悬挑板的支座（梁）上画一根非贯通纵筋，前端伸至延伸悬挑板的尽端，后端延伸到楼板跨内。

在这根非贯通纵筋的上方注写：③$\phi 12@100$（2）；

在这根非贯通纵筋的跨内下方注写延伸长度：2100；

在这根非贯通纵筋的悬挑端下方不注写延伸长度。

说明：

（1）这是延伸悬挑板，其非贯通纵筋上方注写的钢筋编号、钢筋规格和间距同普通负筋，本例中的"（2）"代表分布范围是两跨，其标注方式和意义也与负筋相同。

（2）延伸悬挑板非贯通纵筋下方注写的跨内延伸长度也与负筋相同，即本例中的"2100"也是从梁（墙）的中心线算起。

（3）延伸悬挑板非贯通纵筋的跨内延伸部分，也像负筋一样弯一个直钩，直钩长度按下式计算

直钩长度＝板厚度－保护层厚度

（4）延伸悬挑板非贯通纵筋覆盖延伸悬挑板一侧的延伸长度不作标注，其钢筋长度根据

悬挑板的悬挑长度来决定。

（5）延伸悬挑板非贯通纵筋的悬挑尽端的钢筋形状，取决于板边缘的"翻边"构造。

说明：当为纯悬挑板时，原位柱注及含义与延伸悬挑板相同，仅在纯悬挑板上部纵筋在支座内的锚固构造不同，详见"悬挑板钢筋构造"。

6.3.2　悬挑板的钢筋构造

1. 延伸悬挑板和纯悬挑板钢筋构造的不同点

延伸悬挑板和纯悬挑板钢筋构造的不同之处，在于它们的支座锚固构造。

（1）延伸悬挑板上部纵筋的锚固构造（见图6-12）。

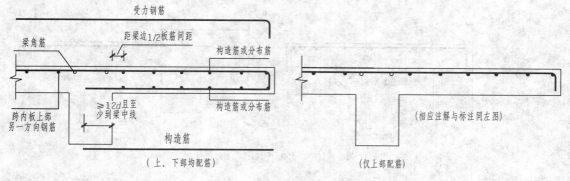

图6-12　延伸悬挑板钢筋构造

1）延伸悬挑板上部纵筋的构造特点：延伸悬挑板的上部纵筋与相邻跨板同向的顶部贯通纵筋或非贯通纵筋贯通。

2）当跨内板的上部纵筋是顶部贯通纵筋时，把跨内板的顶部贯通纵筋一直延伸到悬挑板的末端，此时的延伸悬挑板上部纵筋的锚固长度容易满足。

3）当跨内板的上部纵筋是顶部非贯通纵筋时，原先插入支座梁中的"负筋腿"没有了，而把负筋的水平段一直延伸到悬挑端的尽头。由于原先负筋的水平段长度也是足够长的，所以此时的延伸悬挑板上部纵筋的锚固长度也是足够的。

（2）纯悬挑板上部纵筋的锚固构造（见图6-13）。

1）纯悬挑板上部纵筋伸至支座梁角筋的内侧，然后弯钩$15d$。

2）纯悬挑板上部纵筋伸入支座的水平段长≥$0.6l_{ab}$。

2. 延伸悬挑板和纯悬挑板钢筋构造的相同点

（1）延伸悬挑板和纯悬挑板的配筋情况都可能是单层配筋或双层配筋。

1）当悬挑板的集中标注不含有底部贯通纵筋的标注，即没有"B"打头的标注时，则是单层配筋。

2）当悬挑板的集中标注含有底部贯通纵筋的标注，即"B"打头的标注时，则是双层配筋。此时的底部贯通纵筋标注成构造钢筋，即"X_c和Y_c"打头的标注。

（2）延伸悬挑板和纯悬挑板具有相同的上部纵筋构造。

1）上部纵筋是悬挑板的受力主筋，所以，无论延伸悬挑板还是纯悬挑板，上部纵筋都是贯通筋，一直伸到悬挑板的末端。

2）延伸悬挑板和纯悬挑板的上部纵筋伸至末端之后，都要弯直钩到悬挑板底。

3）根据延伸悬挑板和纯悬挑板端部的翻边情况（上翻还是下翻），来决定悬挑板上部纵

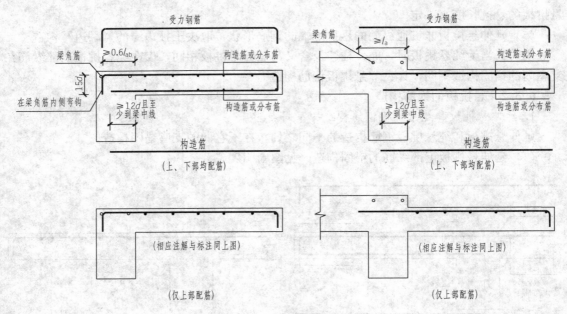

图 6-13　纯悬挑板钢筋构造

筋的端部是继续向下延伸，或向上延伸。

4）平行于支座梁的悬挑板上部纵筋，从距梁边 1/2 板筋间距处开始设置。

（3）延伸悬挑板和纯悬挑板如果有下部纵筋，其下部纵筋构造相同。

1）延伸悬挑板和纯悬挑板的下部纵筋为直形钢筋（当为 HPB300 钢筋时，钢筋端部应设 180°弯钩，弯钩平直段长度为 3d）。

2）延伸悬挑板和纯悬挑板的下部纵筋在支座内的弯锚长度为 12d 且至少到梁中线。

3）平行于支座梁的悬挑板下部纵筋，从距梁边 1/2 板筋间距处开始设置。

3. 板翻边 FB 标注及构造

实际工程中悬挑板的端部经常带翻边，下边介绍板翻板的标注方式和构造要求。

（1）板翻边 FB 的标注方式见图 6-14。

板翻边的编号以"FB"打头，例如：FB2。

板翻边的特点：翻边高度≤300，可以是上翻或下翻。

板翻边的上翻或下翻可以从平面图板边缘线的形式来区分：①当两条板边缘线都是实线时，表示上翻边；②当外边缘线是实线、而内边缘线是虚线时，表示下翻边。

当翻边高度＞300mm 时，例如阳台栏板，按"板挑檐"构造进行处理。

例如 FB1（3）：表示编号为 1 的板翻边，跨数为 3 跨（当为 1 跨时可不标注跨数）；

60×300：表示该翻边的宽度为 60mm，高度为 300mm。

（2）板翻边 FB 构造，见图 6-15。

悬挑板不论上翻还是下翻，当上、下部均配筋时，翻边两侧均配筋，且板上部钢筋与上翻边内侧钢筋、板下部钢筋与下翻边内侧钢筋要相互交叉布置；当仅上部配筋时，仅在翻边一侧配筋。

4. 悬挑板阳角放射筋的标注及构造

悬挑板阳角放射筋分为两类：延伸悬挑板的悬挑阳角放射筋和纯悬挑板的悬挑阳角放

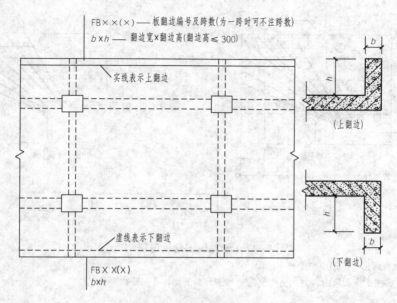

图 6-14 板翻边 FB 标注

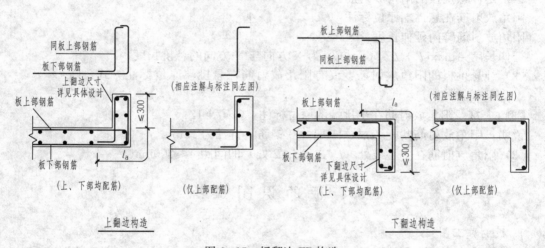

图 6-15 板翻边 FB 构造

射筋。

悬挑板阳角放射筋的标注方式见图 6-16；构造要求见图 6-17。

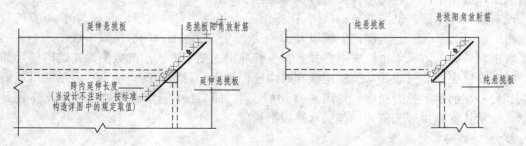

图 6-16 阳角放射筋的标注

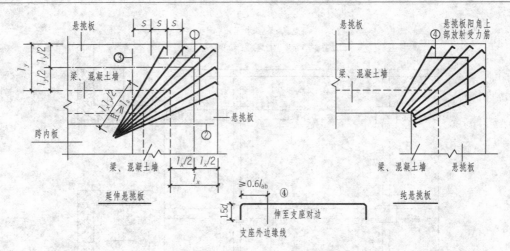

图 6 - 17　悬挑板阳角放射筋构造

注：1. 悬挑板内①~③筋应位于同一层面。
　　　2. ①号筋在支座和跨内，向内斜弯到③号与②号筋下侧，并向跨内平伸。

（1）延伸悬挑板的阳角放射筋：

阳角放射筋在悬挑端原位标注：Ces××　　×φ××

阳角放射筋跨内延伸长度：××××

延伸长度＝$\max(l_x, l_y)$（l_x 与 l_y 为 X 方向与 Y 方向的悬挑长度）

（2）纯悬挑板的阳角放射筋：仅有阳角放射筋在悬挑端原位标注方式：Ces××　　×φ××

【例 6 - 7】　阳角放射筋在悬挑端的原位标注：Ces7φ12

说明：阳角放射筋共配 7 根，HPB 300 钢筋，直径为 12mm。

（3）阳角放射筋在中心线处（$l_x/2$ 和 $l_y/2$ 处）的间距 $a \leqslant 200$mm。

6.4　板 的 识 图 操 练

　　1. 板的施工图

　　建筑界推广应用"平法"已二十多年了，目前很多地方的设计院出图的情况来看，柱、梁、剪力墙的构件已普遍用"平法"表示，但是板构件很多地方还是喜欢用传统方式表示，而构造方面则要求满足 G101 图集的构造要求。鉴于此，本环节中我们用传统方式表示的板的施工图，应用平法图集构造详图进行识图操练。

　　现有某板施工图，见图 6 - 18（注：图中钢筋端部斜钩表示钢筋截断）。Ⓐ轴下方的板是单向板，①—②—Ⓐ—Ⓑ范围内的板以及②—③—Ⓐ—Ⓑ范围内的板是双向板。

　　本工程板施工图采用传统表示方式，板上部非贯通筋下方表示的数值为向跨内的延伸长度：中间支座表示非贯通筋从支座中线到跨内延伸的水平投影长度；端支座表示非贯通筋从一端到另一端的水平投影长度，见图 6 - 18 中图例，而 G101 图集中不论是中间支座还是端支座均表示从支座中线到跨内延伸的水平投影长度。

　　2. 板截面钢筋排布图

　　通过板的平法施工图，绘制给定截面的钢筋排布图，见图 6 - 19~图 6 - 21。

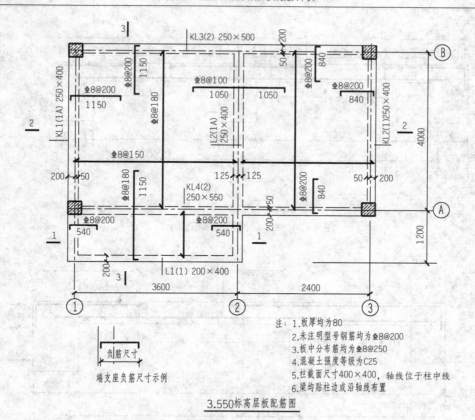

注：1.板厚均为80
2.未注明型号钢筋均为Φ8@200
3.板中分布筋均为Φ8@250
4.混凝土强度等级为C25
5.柱截面尺寸400×400，轴线位于柱中线
6.梁均贴柱边或沿轴线布置

3.550标高层板配筋图

图6-18　板的施工图

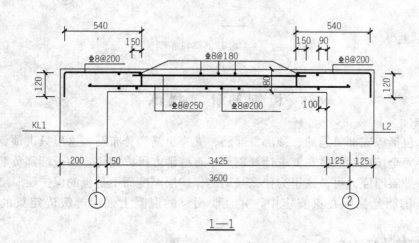

1—1

图6-19　1-1截面钢筋排布图

用实际的工程图纸绘制板的钢筋排布图的步骤如下：

（1）查看板的结构配筋图，确定板与梁（或墙）的定位关系；

（2）绘制板的外轮廓线，标注板的厚度、跨长和净跨长；

（3）查看该板的平法标注，按照板在端支座和中间支座的构造要求，绘制给定剖面的截面钢筋排布图。

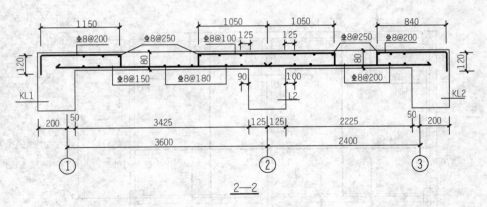

2—2

图 6 - 20　2-2 截面钢筋排布图

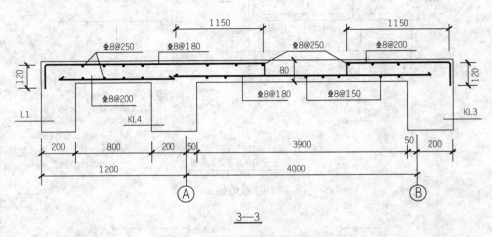

3—3

图 6 - 21　3-3 截面钢筋排布图

6.5　板 钢 筋 计 算 操 练

　　板钢筋计算包括板底部贯通筋、顶部贯通筋、支座负筋和分布筋。这里只讲预算用板钢筋计算，没必要完全按照钢筋排布要求计算钢筋，有些地方可以简化，如板端部负筋伸至梁外侧减一个梁保护层厚度即可。这里为什么减梁的保护层厚度而不是板的保护层厚度？因为板支座是梁，板钢筋是锚固在梁支座中，并且要用梁的混凝土强度等级确定梁的保护层厚度。

6.5.1　板钢筋计算公式

1. 板底部贯通筋计算公式

钢筋长度：

$$L = 板净跨 + 左、右支座内锚固长 + 弯钩增加值（光圆钢筋）\qquad(6-1)$$

式中，板净跨指与钢筋平行的板净跨。

钢筋根数：

$$n = [（另向板净跨 - 2 \times 起步距离）/ 间距] + 1$$

$$= [(另向板净跨 - 间距)/ 间距]+1 \qquad (6-2)$$

式中，板净距指与钢筋垂直的板净跨；第一根钢筋的起步距离按"距梁边板筋间距的 1/2"考虑。

2. 板顶部贯通筋计算公式

板顶部贯通筋长度和根数的计算公式仍然用式（6-1）和式（6-2），但是作为板顶部贯通筋，支座内的锚固构造不同其锚固长度也不同，计算时要注意。

3. 板支座负筋（非贯通筋）计算公式

中间支座负筋长度：

$$L = 平直段长 + 左弯折长 + 右弯折长 \qquad (6-3)$$

端支座负筋长度：

$$L = 平直段长 + 15d(端支座) + 弯折长(板跨内) \qquad (6-4)$$

板支座负筋根数应用式（6-2）计算。

4. 板负筋的分布筋计算公式

单向板中一个方向配有受力钢筋，另一个方向必须配分布筋以形成钢筋网；支座负筋（非贯通筋）中与其垂直方向上也要配分布筋以形成钢筋网。分布筋一般不在图中画出，而是在说明中指出分布筋的规格、直径和间距，初学者很容易漏掉，一定要仔细、认真地读图。

支座负筋的分布筋与其平行的支座负筋搭接 150mm，见图 6-21 右图。当采用光圆钢筋时，如果分布筋不做温度筋，其末端不做 180°弯钩。

负筋分布筋长度：

$$L = 板净跨 - 左侧负筋板内净长 - 右侧负筋板内净长 + 2×150 \qquad (6-5)$$

负筋分布筋根数：

$$n= [(负筋板内净长 - 起步距离)/ 间距]+1$$
$$= [(负筋板内净长 - 间距 /2)/ 间距]+1 \qquad (6-6)$$

6.5.2 板钢筋计算操练

1. 计算步骤

板施工图见图 6-18（注：图中钢筋端部的斜钩表示钢筋截断）。计算钢筋步骤如下：

第一步：画板钢筋计算简图，图中未画出的分布筋也要表示出来，见图 6-22。当钢筋长度超过定长时要考虑钢筋连接。

第二步：对板钢筋编号。先底部后顶部、从左到右、从上到下、从主到次的顺序编号，支座负筋和分布筋按照顺时针方向编号。编号时要按一定的规律编号，以保证不漏钢筋。

第三步：按照编号顺序计算钢筋长度和根数。

2. 计算分析

（1）板保护层厚度为 20mm，梁保护层厚度为 25mm，由于板筋锚固在梁内，所以伸入梁的板筋要按梁保护层厚度考虑。

（2）板端支座负筋伸入支座水平段长度假设按照"设计按铰接时 $\geqslant 0.35l_{ab}$"考虑，并要求伸至梁外侧角筋内侧后弯钩 $15d$，这里可以简化计算，伸至梁外侧减一个梁保护层厚度再弯钩 $15d$。

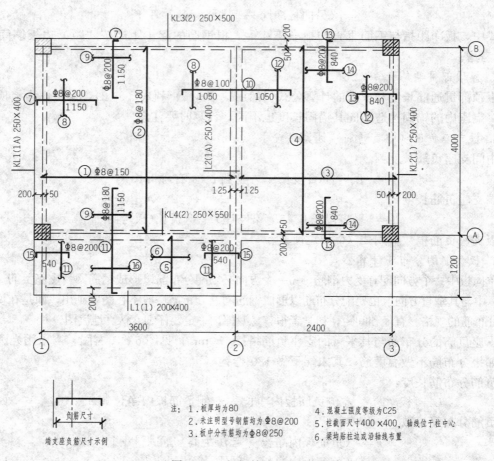

图 6-22　板钢筋编号示意图

$$15d = 15 \times 8 = 120 (\text{mm})$$
$$0.35l_{ab} = 0.35 \times 40 \times 8 = 112 (\text{mm})$$

梁宽最小者为 200mm，伸入支座的平直段为 $b_b - c_b = 200 - 25 = 175 (\text{mm}) > 0.35l_{ab} = 112\text{mm}$，满足要求。

（3）板上部非贯通筋下方表示的数值为向跨内的延伸长度：中间支座表示非贯通筋从支座中线向跨内延伸长度，而端支座则表示非贯通筋从一端到另一端的水平投影长度，见图 6-14 中图例。（注：平法图集中端支座非贯通筋也是自支座中线向跨内的延伸长度，但是本工程设计要求不同。）

（4）计算各跨板的净长。从左到右、从上到下顺序表示：

$l_{nx1} = 3600 - 50 - 125 = 3425 (\text{mm})$；

$l_{nx2} = 2400 - 125 - 50 = 2225 (\text{mm})$；

$l_{ny1} = 4000 - 50 - 50 = 3900 (\text{mm})$；

$l_{ny2} = 1200 - 200 - 200 = 800 (\text{mm})$。

3. 钢筋计算

按照钢筋编号顺序计算板钢筋的根数和长度，计算过程见表 6-3。

表 6 - 3　　　　　　　　　　　　板 钢 筋 计 算 表

钢筋名称	编号	钢筋规格	计算式	总长（m）
双向板底筋	1	Φ 8@150	$L=$板净跨$+$左、右支座锚固长$=3425+125+125=3675(\text{mm})$ $n=[($板净跨$-2\times$起步距离$)/$间距$]+1$ 　$=(3900-150)/150+1=26($根$)$	95.550
	2	Φ 8@180	$L=$板净跨$+$左、右支座锚固长$=3900+125+125=4150(\text{mm})$ $n=[($板净跨$-2\times$起步距离$)/$间距$]+1$ 　$=(3425-180)/180+1=19($根$)$	78.850
双向板底筋	3	Φ 8@200	$L=2225+250=2475(\text{mm})$ $n=(3900-200)/200+1=20($根$)$	49.500
	4	Φ 8@200	$L=3900+250=4150(\text{mm})$ $n=(2225-200)/200+1=12($根$)$	49.800
单向板底筋	5	Φ 8@200	$L=800+100+125=1025(\text{mm})$ $n=(3425-200)/200+1=18($根$)$	18.450
	6	Φ 8@250	$L=3425+250=3675(\text{mm})$ $n=(800-250)/250+1=4($根$)$	14.700
负筋	7	Φ 8@200	$L=15d$（端支座）$+$平直段长$+$弯折长（板跨内） 　$=15\times8+1150+80-2\times20=1310(\text{mm})$ $n=[($板净跨$-2\times$起步距离$)/$间距$]+1$ 　$=(3900-200)/200+1+(3425-200)/200+1=38($根$)$	49.780
负筋的分布筋	8	Φ 8@250	$L=$板净跨$-$左侧负筋板内净长$-$右侧负筋板内净长$+2$ 　$\times150$ 　$=3900+125-1150-1150+250-25+2\times150$ 　$=2250(\text{mm})$ $n=[($负筋板内净长$-$起步距离$)/$间距$]+1$ 　$=(1150+25-250-125)/250+1+(1050-125-125)/250$ 　$+1=10($根$)$	22.500
负筋的分布筋	9	Φ 8@250	$L=3425+250-25-1150-1050+125+2\times150=1875(\text{mm})$ $n=(1150+25-250-125)/250+1+(1150-250/2-$ 　$125)/250+1=10($根$)$	18.750
负筋	10	Φ 8@100	$L=2\times(80-2\times20+1050)=2180(\text{mm})$ $n=(3900-100)/100+1=39($根$)$	85.020
负筋	11	Φ 8@180	$L=15\times80+200-25+800+125+1150+80-2\times20$ 　$=2410(\text{mm})$ $n=(3425-180)/180+1=19($根$)$	45.790
负筋的分布筋	12	Φ 8@250	$L=3900+2\times(250-25-840)+2\times150$ 　$=2970(\text{mm})$ $n=(1050-125-125)/250+1+(840+25-250-125)/250$ 　$+1=8($根$)$	23.760

钢筋名称	编号	钢筋规格	计算式	总长（m）
负筋	13	Φ 8@200	$L = 120 + 840 + 80 - 2 \times 20 = 1000(\text{mm})$ $n = 2[(2225-200)/200+1] + (3900-200)/200+1 = 44(根)$	44.000
负筋的分布筋	14	Φ 8@250	$L = 2225 + 125 - 1050 - 840 + 250 - 25 + 2 \times 150 = 985(\text{mm})$ $n = 2[(840+25-250-125)/250+1] = 6(根)$	5.910
负筋	15	Φ 8@200	$L = 120 + 540 + 80 - 2 \times 20 = 700(\text{mm})$ $n = 2[(800-200)/200+1] = 8(根)$	5.600
负筋的分布筋	16	Φ 8@250	$L = 3425 + 2 \times (250-25-540) + 2 \times 150$ $\quad = 3095(\text{mm})$ $n = (800-250)/250+1 = 4(根)$	12.380

合计长度：Φ 8；620.340m

合计质量：Φ 8；245.038kg

注　1. 计算钢筋根数时，每个商取整数，只入不舍。

　　2. 质量＝长度×钢筋单位理论质量。

实 操 题

某一工程板的配筋施工图见图 6‑23，按照平法板构造要求，绘制 1‑1 和 2‑2 截面钢筋排布图，计算 LB2 下部钢筋、支座处①、②负筋。

工程信息		
混凝土强度等级：C30；		抗震等级：二级；
环境类别：一类；		分布筋：Φ8@250

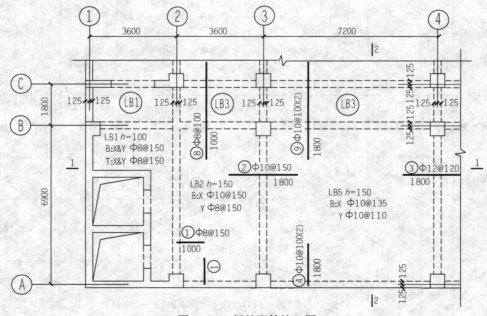

图 6‑23　板的配筋施工图

项目 7

板式楼梯平法识图与钢筋计算

本项目相关资源

看一看、想一想

图 7-1 是板式楼梯、梯梁、梁上柱的照片，图 7-2 是板式楼梯的受力筋和分布筋现场施工照片，你能建立起二者之间的联系吗？

图 7-1　板式楼梯、梯梁 TL、梁上柱 LZ

图 7-2　板式楼梯钢筋（梯板底部钢筋在下，分布筋在上）

7.1　楼 梯 概 述

7.1.1　楼梯分类及楼梯间钢筋计算内容

（1）从结构上划分，现浇混凝土楼梯可分为板式楼梯、梁式楼梯、悬挑楼梯和旋转楼梯等，22G101 - 2图集只适用于板式楼梯。

（2）板式楼梯间钢筋计算内容包括：踏步段斜板、梯梁、楼层平板、层间平板（休息平台）以及梁上柱（框架结构）等构件的钢筋，见图7 - 3。

1）踏步段斜板钢筋按照22G101 - 2图集构造要求计算；

2）梯梁钢筋计算：当梯梁支撑在梁上柱或剪力墙上柱时，按照框架梁的构造要求计算钢筋，箍筋宜全长加密；当梯梁支承在梁上时，按照非框架梁的构造要求计算钢筋；

3）楼层平板和层间平板按照楼板构造计算钢筋；

4）梁上柱按照框架柱构造要求计算钢筋。

7.1.2　楼梯间梁上柱

在框架结构中，墙体采用的填充墙不能承受荷载，所以必须在框架梁上起柱（梁上柱）以支撑层间梯梁。计算楼梯间钢筋时梁上柱很容易漏掉，所以一定要引起注意。

梁上柱图示见图7 - 4，钢筋构造见项目2。

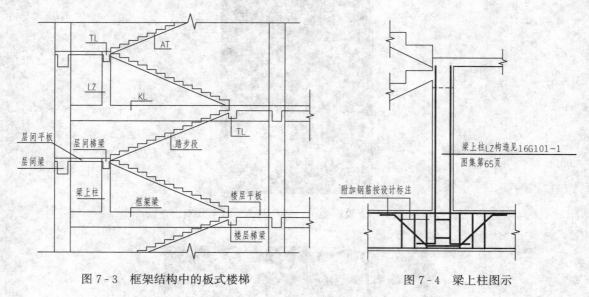

图7 - 3　框架结构中的板式楼梯　　　　　　　　　图7 - 4　梁上柱图示

7.2　板式楼梯平法设计规则

7.2.1　板式楼梯基本构件及类型

22G101 - 2图集中板式楼梯是由一块踏步段斜板、高端梯梁和低端梯梁组成，踏步段斜板支撑在高端梯梁和低端梯梁上，或者直接与楼层平板和层间平板连成一体，见图7 - 5。

板式楼梯共有12种楼梯类型，见表7 - 1，其中：

AT型梯板全部由踏步段构成；

BT型梯板由低端平板和踏步段构成；

CT型梯板由踏步段和高端平板构成；

DT型梯板由低端平板、踏步段和高端平板构成。

其他类型楼梯详见22G101 - 2图集相关内容。

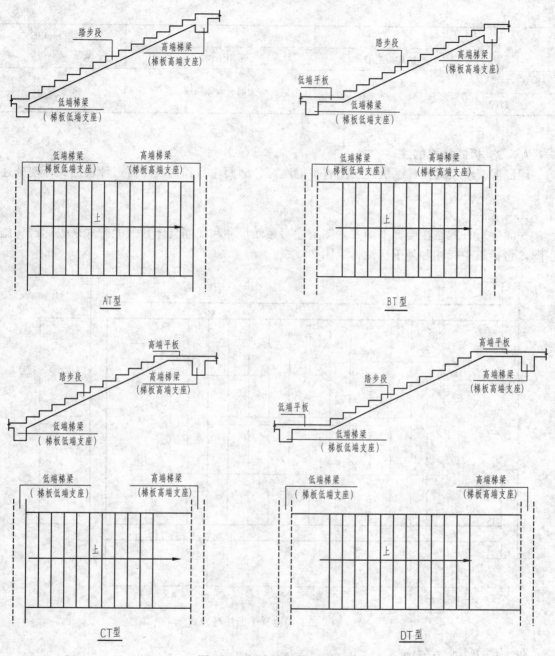

图 7-5　板式楼梯类型示意图

表 7-1　　　　　　　　　　　　　　　　楼　梯　类　型

| 梯板代号 | 适用范围 | | 是否参与结构整体抗震设计 |
	抗震构造措施	适用结构	
AT	无	剪力墙、砌体结构	不参与
BT			

续表

梯板代号	适用范围		是否参与结构整体抗震设计
	抗震构造措施	适用结构	
CT	无	剪力墙、砌体结构	不参与
DT			

7.2.2　板式楼梯的注写方式

现浇混凝土板式楼梯平法施工图有平面注写、剖面注写和列表注写三种表达式，现分述如下。

1. 平面注写方式

平面注写方式是在楼梯平面布置图上注写截面尺寸和配筋具体数值的方式来表达楼梯施工图，包括集中标注和外围标注，见图 7-6。

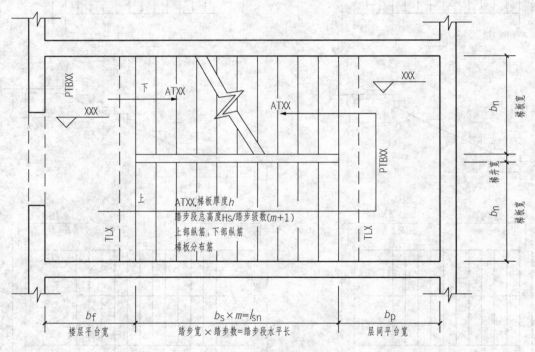

图 7-6　AT 型楼梯平面注写方式

集中标注内容有五项：

（1）梯板类型代号与序号，如 AT××。

（2）梯板厚度，注写为 $h=×××$。当为带平板的梯板且梯段板厚度和平板厚度不同时，可在梯段板厚度后面括号内以字母 P 打头注写平板厚度。

【例 7-1】　$h=130$（P150），130 表示梯段板厚度，150 表示梯板平板段厚度

（3）踏步段总高度和踏步级数之间以"/"分隔。

（4）梯板支座上部纵筋和下部纵筋之间以";"分隔。

（5）梯板分布筋以 F 打头注写分布钢筋具体值，该项也可以在图中统一说明。

【例 7 - 2】　AT1，$h=130$　　　　　　　——梯板类型及编号，梯板板厚

　　　　　　1800/12　　　　　　　　　　——踏步段总高度/踏步级数

　　　　　　$\oplus 10@200$；$\oplus 12@150$　　　　——上部纵筋；下部纵筋

　　　　　　F$\oplus 8@250$　　　　　　　　　——梯板分布筋（可统一说明）

楼梯外围标注的内容包括楼梯间平面尺寸、楼层结构标高、层间结构标高、楼梯的上下方向、梯板的平面几何尺寸、平台板配筋、梯梁及梯柱（梁上柱）配筋等。

2. 剖面注写方式

剖面注写方式需在楼梯平法施工图中绘制楼梯平面布置图和楼梯剖面图，注写方式分平面注写和剖面注写两部分。

楼梯平面布置图注写内容包括楼梯间平面尺寸、楼层结构标高、层间结构标高、楼梯的上下方向、梯板的平面几何尺寸、梯板类型及编号、平台板配筋、梯梁及梯柱（梁上柱）配筋等。

楼梯剖面图注写内容，包括梯板集中标注、梯梁和梯柱（梁上柱）编号、梯板水平及竖向尺寸、楼层结构标高、层间结构标高等。

梯板集中标注内容有四项，具体规定如下：

（1）梯板类型及编号，如 AT××。

（2）梯板厚度，注写为 $h=×××$。当梯板由踏步段和平板构成，且踏步段梯板厚度和平板厚度不同时，可在梯板厚度后面括号内以字母 P 打头注写平板厚度。

（3）梯板上部纵筋和下部纵筋，用"；"分隔。

（4）梯板分布筋以 F 打头注写分布钢筋具体值，该项也可在图中统一说明。

3. 列表注写方式

列表注写方式是用列表方式注写梯板截面尺寸和配筋具体数值的方式来表达楼梯施工图。

列表注写方式的具体要求同剖面注写方式，仅将剖面注写方式中的梯板配筋集中标注项改为列表注写项即可，例如 AT3 梯板几何尺寸和配筋见表 7 - 2。

表 7 - 2　　　　　　　　　　　　　梯板几何尺寸和配筋表

梯板编号	踏步段总高度/踏步级数	板厚 h	上部纵筋	下部纵筋	分布筋
AT3	1800/12	120	$\oplus 10@200$	$\oplus 12@150$	F$\oplus 8@250$

7.3　板式楼梯钢筋构造

板式楼梯钢筋包括下部纵筋、上部纵筋、梯板分布筋等，以 AT 型楼梯为例说明钢筋构造，见图 7 - 7，要点为：

（1）下部纵筋端部要求伸过支座中线且不小于 $5d$。

（2）上部纵筋在支座内需伸至对边再向下弯折 $15d$，当有条件时可直接伸入平台板内锚

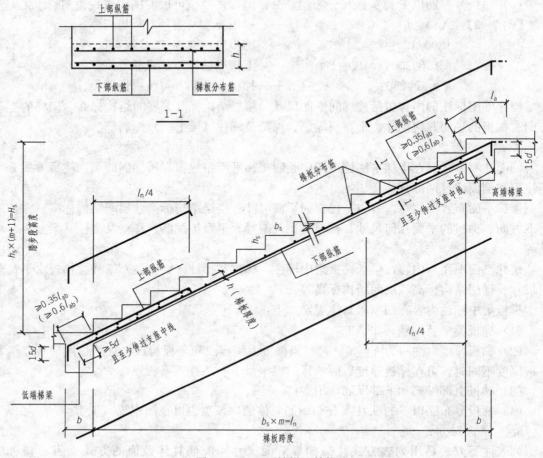

图 7 - 7　AT 型楼梯配筋构造

固，从支座内边算起总锚固长度不小于 l_a。上部纵筋支座内锚固长度 $0.35l_{ab}$ 用于设计按铰接情况，$0.6l_{ab}$ 用于设计考虑充分发挥钢筋抗拉强度的情况，具体工程中设计应指明采用何种情况。

（3）上部纵筋向跨内的水平延伸长度为 $l_n/4$。

7.4　板式楼梯钢筋计算操练

7.4.1　板式楼梯钢筋计算内容及步骤

1. AT 型梯板的基本尺寸数据

AT 型梯板的基本尺寸数据：楼梯净跨 l_n、梯板净宽 b_n、梯板厚度 h、踏步宽度 b_s、踏步高度 h_s、梯梁宽度 b。

2. 斜坡系数

用踏步宽度 b_s 和踏步高度 h_s，利用三角函数关系求斜坡系数 k：

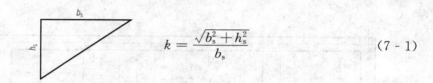

$$k = \frac{\sqrt{b_s^2 + h_s^2}}{b_s} \qquad (7-1)$$

3. 梯板斜长

$$梯板斜长 = k \times l_n$$

4. 梯板钢筋

梯板下部纵筋两端分别锚入高端梯梁和低端梯梁，锚固长度要满足 $\geqslant 5d$ 且 $\geqslant bk/2$，即取 $\max(5d, bk/2)$。

梯板钢筋构造类似于楼板，所以梯板钢筋起步距离取距支座边缘 1/2 板筋间距。

5. 梯板钢筋计算

梯板钢筋计算公式见表 7-3。

表 7-3　　　　　　　　　　　梯板钢筋计算公式

钢筋名称	钢筋详称	计 算 公 式	备注
梯板下部钢筋	下部纵筋	长度：$L = l_n \times k + 2\max(5d, bk/2)$ 根数：$n = (b_n - 2 \times 板 c)/间距 + 1$	参见 22G101-2 第 28 页，k 为斜坡系数
	分布筋	长度：$L = b_n - 2 \times 板 c$ 根数：$n = (l_n \times k - 间距)/间距 + 1$	
低端上部钢筋	上部纵筋	长度：$L = (l_n/4 + b - 梁 c) \times k + 15d + (h - 2 \times 板 c)$ 根数：$n = (b_n - 2 \times 板 c)/间距 + 1$	
	分布筋	长度：$L = b_n - 2 \times 板 c$ 根数：$n = (l_n \times k/4 - 间距/2)/间距 + 1$	
高端上部钢筋	上部纵筋	长度：$L = (l_n/4 + b - 梁 c) \times k + 15d + (h - 2 \times 板 c)$ 或 $L = l_n/4 \times k + (h - 2 \times 板 c) + l_a$ 根数：$n = (b_n - 2 \times 板 c)/间距 + 1$	
	分布筋	同低端上部分布筋	

注　1. 计算根数时，每个商取整数，只入不舍。

　　2. 上部纵筋锚入支座直段长度，当设计按铰接时 $\geqslant 0.35l_{ab}$；设计考虑充分发挥钢筋抗拉强度时 $\geqslant 0.6l_{ab}$。

　　3. 当采用光面钢筋时，末端应做 180°弯钩。

7.4.2　板式楼梯钢筋计算操练

板式楼梯平法施工图见图 7-8，这是 AT 型板式楼梯，应用 22G101-2 图集构造要求计算钢筋。

1. 楼梯平面图尺寸标注

梯板净跨尺寸 280×11＝3080（mm）

梯板净宽尺寸 1600mm

楼梯井宽度 150mm

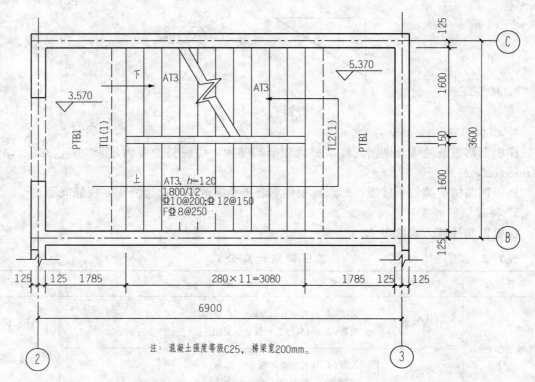

图 7-8　AT 型板式楼梯平法施工图

楼层平板宽度 1785mm

层间平板宽度 1785mm

混凝土强度等级为 C25，梯梁宽度 $b=200$mm

2. 计算分析

从楼梯平面图的标注中可以获得与楼梯钢筋计算有关的信息：

梯板净跨：$l_n=3080$

梯板净宽：$b_n=1600$

梯板厚度：$h=120$

踏步宽度：$b_s=280$

踏步高度：$h_s=1800/12=150$

板的保护层厚度：板 $c=20$

梁的保护层厚度：梁 $c=25$

$l_{ab}=40d$，$l_a=40d$

斜坡系数：$k=\dfrac{\sqrt{b_s^2+h_s^2}}{b_s}=\dfrac{\sqrt{280^2+150^2}}{280}=1.134$

锚固长度$=\max(5d，bk/2)=\max(5\times12，200\times1.134/2)=113.4$

假设设计按铰接情况考虑：$0.35l_{ab}=0.35\times40\times10=140$

3. 钢筋计算过程见（见表 7-4）

表 7-4　　　　　　　　　　　　　　梯 板 钢 筋 计 算 表

钢筋名称	钢筋详称	钢筋规格	计算式	长度(m)	备注
梯板下部钢筋	下部纵筋	$\phi12@150$	长度：$L=l_n\times k+2\max(5d,b_k/2)$ $=3080\times1.134+200\times1.134=3720(mm)$ 根数：$n=(b_n-2\times$板$c)/$间距$+1$ $=(1600-2\times20)/150+1=12(根)$	44.640	
	分布筋	$\phi8@250$	长度：$L=b_n-2\times$板$c=1600-2\times20=1560(mm)$ 根数：$n=(l_n\times k-$间距$)/$间距$+1$ $n=(3080\times1.134-250)/250+1=14(根)$	21.84	
低端上部钢筋	上部纵筋	$\phi10@200$	长度：$L=(l_n/4+b-$梁$c)\times k+15d+(h-2\times$板$c)$ $=(3080/4+200-25)\times1.134+15\times10+(120-2\times20)$ $=1302(mm)$ 根数：$n=(b_n-2\times$板$c)/$间距$+1=(1600-2\times20)/200+1$ $=9(根)$	11.718	
	分布筋	$\phi8@250$	长度：$L=b_n-2\times$板$c=1600-2\times20=1560(mm)$ 根数：$n=[(l_n/4)\times k-$间距$/2]/$间距$+1$ $=[(3080/4)\times1.134-125]/250+1=4(根)$	6.240	
高端上部钢筋	上部纵筋	$\phi10@200$	长度：$L=1302(mm)$ 根数：$n=9(根)$	11.718	同低端上部钢筋
	分布筋	$\phi8@250$	长度：$L=1560(mm)$ 根数：$n=4(根)$	6.240	

合计长度：$\phi12$：44.640m；$\phi10$：23.436m；$\phi8$：34.32m
合计质量：$\phi12$：39.640kg；$\phi10$：14.460kg；$\phi8$：13.556kg

注　1. 计算钢筋根数时，每个商取整数，只入不舍。
　　　2. 质量=长度×钢筋单位理论质量。

实 操 题

某一工程的楼梯施工图见图 7-9，混凝土强度等级为 C30，环境类别为一类，要求画出其剖面配筋图，并进行楼梯钢筋计算。

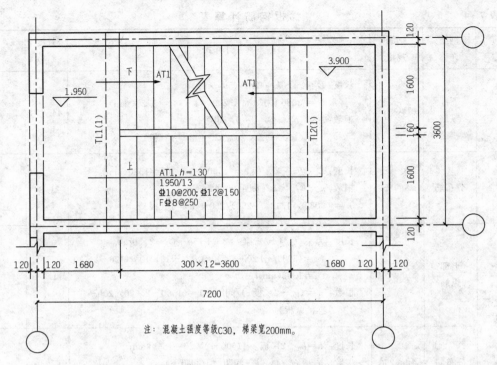

注：混凝土强度等级C30，梯梁宽200mm。

图7-9　楼梯平法施工图

项目 8

钢 筋 翻 样

8.1 钢 筋 翻 样 概 述

8.1.1 钢筋翻样的定义

钢筋翻样是钢筋工程的施工技术人员根据建筑结构施工图纸中各种各样的钢筋样式、规格、尺寸以及所在位置，按照国家相关的规程、规范要求，计算出各个构件中每根钢筋的制作装配数据、数值，形成文字材料或填写在配料表单中，再画出组装简图，作为操作人员、作业班组进行生产制作装配的依据。

8.1.2 钢筋翻样的作用

钢筋翻样成果（钢筋下料单）主要用于钢筋加工和绑扎，而本书前面介绍的钢筋算量，同样是计算钢筋长度，但它与钢筋翻样是有区别的。钢筋算量如果用于工程预算、投标报价、标底、竣工结算，那钢筋工程量的计算结果允许有一定的误差，但是钢筋下料长度要求计算准确，如果钢筋下料大了，可能模板里放不进去而需要重新加工；如果钢筋下料小了，那钢筋构造要求不符合规定，也需要返工。所以钢筋翻样工作技术性高，计算过程复杂烦琐，是一种高级的技术性脑力劳动。一个优秀的钢筋翻样师往往具有丰富的工程经验，能够准确地提出钢筋下料单，减少钢筋浪费，提高钢筋施工质量，为企业创造价值和可观的利润。

8.1.3 对钢筋翻样人员的要求

过去用传统方式表示的结构施工图上附有钢筋翻样表，由设计人员翻样，而且当时我国的建筑高度、建筑规模都不大，又以砖混结构居多，钢筋用量不多，钢筋构造简单，也无抗震设计，所以没有专业的钢筋翻样师。具体施工时，由钢筋班长或钢筋工长带领钢筋工施工，基本上照图施工即可。但是现在不同，全国都在执行"平法"制图，不仅施工图上没有钢筋翻样表，也没有混凝土构件的立面图和剖面图，这就对钢筋翻样人员提出了很高的专业要求。

由于钢筋工程本身的复杂性、隐蔽性和工程量的浩大及工期紧等因素，钢筋工程往往具有不可逆转性，钢筋工程造成的损失有时是不可估量的。钢筋翻样不是一朝一夕就能掌握的，钢筋翻样人员必须具备多方面的知识和经验，例如：

（1）要有钢筋工程的专业基础，具备比较过硬的平法知识与操作技能。

（2）要求计算准确，符合设计和规范要求。要做到计算准确，就必须具备一定的数学知识和 CAD 基础，造型复杂的图纸需借助于计算机计算。

（3）要精通图纸，深刻领会设计意图，具有一定的空间想象力。对图纸一知半解，是不可能完成钢筋翻样任务的。

（4）要熟悉设计规范、施工规范、相关的国家标准和一些常用做法，并且要对钢筋混凝土结构有一定的了解。

（5）制作的钢筋下料单，要求能够指导施工，方便施工，且满足施工实际情况。这就需要熟悉施工现场，对施工要有丰富的感性认识和现场实践经验。

（6）钢筋翻样时，不仅能发现图纸上不尽合理的地方，进行优化，使做出来的钢筋翻样单既能方便施工又能满足规范，还要尽可能节约钢筋，这些都需要长期的工作经验、技术积累和智慧。

8.2　钢筋量度差值

8.2.1　概念

（1）钢筋下料长度：钢筋下料长度就是钢筋中心线的长度（施工下料尺寸）。

由于结构受力上的需要，大多数钢筋需要在规定的位置弯曲。钢筋弯曲时，其外壁伸长，内壁缩短，而中心线长度不变，我们需要计算的就是钢筋的中心线长度，即钢筋下料长度，见图 1-9。

结构施工图上所示受力主筋的尺寸界限是钢筋的外皮。实际上，钢筋加工下料的施工尺寸为

$$ab + bc + cd$$

式中：ab 为直线段；bc 为弧线段；cd 为直线段。钢筋加工前直线下料时，如果下料长度按外包尺寸的总和来计算，则加工后钢筋尺寸大于设计要求的外包尺寸，要么弯钩太长造成浪费，要么造成保护层厚度不够而影响施工质量。因此，按外包尺寸下料是不准确的，只有按轴线长度下料加工，才能使钢筋形状、尺寸符合设计要求。

（2）钢筋度量差值：钢筋材料明细表的简图中，所标注外皮尺寸，或设计图中注明的尺寸，是根据构件尺寸、钢筋形状及保护层的厚度按外皮尺寸计算的，显然外皮尺寸大于钢筋中心线的长度，它们之间存在的差值，我们称之为钢筋量度差值，简称差值。

差值又分为外皮差值和内皮差值两种。

8.2.2　钢筋弯曲半径

钢筋弯折的量度差值与钢筋弯曲角度、弯曲半径和钢筋直径有关。实际工程施工时，根据钢筋规格和钢筋用途，钢筋加工时的弯曲半径是不同的，按现行施工及验收规范，常用钢筋加工弯曲半径见表 8-1。

表 8-1　　　　　　　　　　　　　常用钢筋加工弯曲半径 R

钢 筋 用 途	钢筋加工弯曲半径 R	钢 筋 用 途	钢筋加工弯曲半径 R
HPB300 级箍筋、拉筋	$2.5d$，且大于主筋直径/2	平法框架主筋直径 $d>25$mm	$6d$
HPB300 级主筋、腰筋	$\geqslant 1.25d$	平法框架顶层边节点主筋直径 $d\leqslant 25$mm	$6d$
HRB335 级主筋	$\geqslant 2d$	平法框架顶层边节点主筋直径 $d>25$mm	$8d$
HRB400 级主筋	$\geqslant 2.5d$	轻骨料混凝土结构构件 HPB300 级主筋	$\geqslant 3.5d$
平法框架主筋直径 $d\leqslant 25$mm	$4d$		

注　HPB300 级、HRB335 级、HRB400 级钢筋就是工地上习惯说的Ⅰ级、Ⅱ级和Ⅲ级钢筋。

8.2.3　外皮差值

1. 外皮差值

图 8-1 是结构施工图上 90°弯折处的钢筋，$xy+yz$ 是沿钢筋弯折处外皮量取的，是钢筋弯折处的外皮尺寸，而弯折处的钢筋下料长度是钢筋中心线的长度，即 ab 弧线的弧长。因此，折线 $xy+yz$ 长度与弧线的弧长 ab 之间的差值，称为外皮差值。

外皮差值通常用于受力主筋弯曲加工下料计算，用下面的公式计算外皮差值：

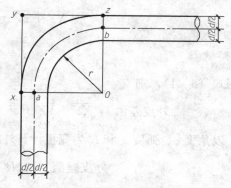

图 8-1　钢筋外皮尺寸

$$外皮差值＝钢筋外皮尺寸之和－钢筋中心线的长度 \tag{8-1}$$

✎ 特别提示

钢筋下料长度是钢筋中心线的长度，不是设计图中标注的钢筋长度，钢筋下料长度计算时，一定要考虑量度差值，即

$$钢筋下料长度＝钢筋外皮总长－量度差值$$

2. 弯折角度为 $\alpha \leqslant 90°$时外皮差值计算公式

图 8-2 是推导等于或小于 90°弯曲加工钢筋时，计算差值的例子。钢筋的直径大小为 d，钢筋弯曲的加工半径为 R，设钢筋弯折的角度为 α。

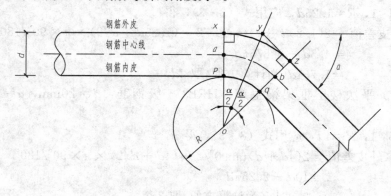

图 8-2　钢筋弯折 $\alpha \leqslant 90°$时尺寸

钢筋加工弯曲后，钢筋内皮 pq 间弧线，就是以 R 为半径的弧线。

推导公式如下：

自 o 点引线垂直交水平钢筋外皮线于 x 点，再从 o 点引线垂直交倾斜钢筋外皮线于 z 点。$\angle xoz$ 等于 α。oy 平分 $\angle xoz$，得到两个 $\alpha/2$。

前面讲过，钢筋加工弯曲后，钢筋中心线的长度是不会改变的。xy 加 yz 之和的展开长度，同弧线展开的长度之差，就是所求的差值。

$$\overline{XY} = \overline{YZ} = (R+d) \times \tan \frac{\alpha}{2}$$

$$\overline{XY} + \overline{YZ} = 2(R+d) \times \tan\frac{\alpha}{2}$$

$$\widehat{ab} = \left(R + \frac{d}{2}\right) \times \hat{\alpha}$$

应用式（8-1），则

$$外皮差值 = \overline{XY} + \overline{YZ} - \widehat{ab} = 2(R+d) \times \tan\frac{\alpha}{2} - \left(R + \frac{d}{2}\right) \times \hat{\alpha}$$

以角度 α、弧度 $\hat{\alpha}$ 和 R 为变量计算外皮差值公式：

$$外皮差值 = 2(R+d)\tan\frac{\alpha}{2} - \left(R + \frac{d}{2}\right) \times \hat{\alpha} \tag{8-2}$$

式中　α——角度；

$\qquad \hat{\alpha}$——弧度。

同样可得以角度 α 和 R 为变量计算外皮差值公式：

$$外皮差值 = 2(R+d)\tan\frac{\alpha}{2} - \left(R + \frac{d}{2}\right) \times \frac{\alpha}{180°}\pi \tag{8-3}$$

【例 8-1】　非框架梁主筋，HPB300 级钢筋，$d=22$mm，$\alpha=45°$，求外皮差值。

解　查表8-1，$R=1.25d$，应用式（8-3），得

$$外皮差值 = 2(1.25d+d)\tan45°/2 - (1.25d+d/2) \times \pi \times 45°/180°$$
$$= 4.5d \times 0.414 - 1.75\pi d/4$$
$$= 0.49d（为计算方便，取 0.5d）$$

【例 8-2】　非框架梁主筋，HPB300 级钢筋，$d=22$mm，$\alpha=90°$，求外皮差值。

解　查表8-1，$R=1.25d$，应用式（8-3），得

$$外皮差值 = 2(1.25d+d)\tan90°/2 - (1.25d+d/2) \times \pi \times 90°/180°$$
$$= 4.5d - 0.875\pi d$$
$$= 1.751d（为计算方便，取 2d）$$

【例 8-3】　平法楼层框架梁主筋，HRB335 级钢筋，$d=20$mm，$\alpha=90°$，求外皮差值。

解　查表8-1，$R=4d$，应用式（8-3），得

$$外皮差值 = 2(4d+d)\tan90°/2 - (4d+d/2) \times \pi \times 90°/180°$$
$$= 10d - 2.25\pi d$$
$$= 2.931d（为计算方便，取 3d）$$

3. 弯曲角度＞90°、≤180°时外皮差值计算公式

用图 8-3 来推导弯曲角度＞90°、≤180°时外皮差值计算公式。钢筋直径大小为 d，钢筋弯曲的加工半径为 R，具体推导公式时，设钢筋弯折的角度为（90°+α）。

外皮线的总长度=$wx+xy+yz$

弯曲（90°+α）钢筋中心线弧长=$(R+d/2)\pi(90°+\alpha)/180°$

应用式（8-1）：

$$差值 = 外皮线的总长度 - (90°+\alpha)中心线弧长$$
$$= wx + xy + yz - (R+d/2)\pi(90°+\alpha)/180°$$
$$= 2(R+d) + 2(R+d)\tan(\alpha/2) - (R+d/2)\pi(90°+\alpha)/180°$$

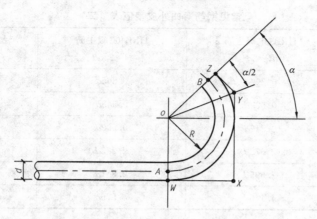

图 8-3 钢筋弯折>90°、≤180°时尺寸

即钢筋弯曲角度>90°、≤180°时外皮差值计算公式：

$$外皮差值 = 2(R+d) + 2(R+d) \times \tan\frac{\alpha}{2} - \left(R+\frac{d}{2}\right) \times \frac{90°+\alpha}{180°}\pi \qquad (8-4)$$

当弯曲角度 135°，$R=2.5d$ 时，取 $\alpha=45°$。

应用式（8-4）：

$$差值 = 2 \times (R+d) + 2 \times (R+d) \times \tan(45°/2) - (R+d/2)3\pi/4$$
$$= 2.828 \times (R+d) - 2.356 \times (R+d/2)$$
$$= 2.83d$$

当弯曲角度 135°，$R=1.25d$ 时，差值=2.24d。

当弯曲角度 180°，$R=2.50d$ 时，差值=4.575d。

当弯曲角度 180°，$R=1.25d$ 时，差值=3.502d。

以上即为表 8-2 中数字。

4. 钢筋外皮差值表

由式（8-3）、式（8-4）可知，外皮差值是钢筋加工的弯曲半径 R 和弯曲角度 α 的函数。常用钢筋的弯曲外皮差值见表 8-2 和表 8-3。

表 8-2　　　　　　　　常见钢筋弯曲外皮差值表（一）

弯曲角度	箍筋 $R=2.5d$	HPB300 级主筋 $R=1.25d$	平法框架主筋		
			$R=4d$	$R=6d$	$R=8d$
30°	0.305d	0.290d	0.323d	0.348d	0.373d
45°	0.543d	0.490d	0.608d	0.694d	0.780d
60°	0.900d	0.765d	1.061d	1.276d	1.491d
90°	2.288d	1.751d	2.931d	3.790d	4.648d
135°	2.831d	2.240d	3.539d	4.484d	5.428d
180°	4.576d	3.502d			

注　1. 135°和 180°的差值必须具备准确的外皮尺寸值。

　　2. 平法框架主筋 $d \leqslant 25$mm 时，$R=4d$（6d）；$d>25$mm 时，$R=6d$（8d）。括号内数值用于框架顶层边节点。

表 8 - 3   常见钢筋弯曲外皮差值表（二）

弯曲角度	HRB335 级主筋 $R=2d$	HRB400 级主筋 $R=2.5d$	轻骨料中 HPB300 级筋 $R=1.75d$
30°	0.299d	0.305d	0.296d
45°	0.522d	0.543d	0.511d
60°	0.846d	0.900d	0.819d
90°	2.073d	2.288d	1.966d
135°	2.595d	2.831d	2.477d
180°	4.146d	4.576d	3.932d

8.2.4 内皮差值

图 8 - 4 是结构施工图上 90°弯折处的钢筋，（$xy+yz$）是沿钢筋弯折处内皮量取的，是

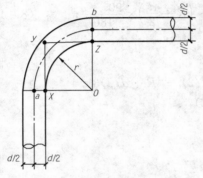

图 8 - 4 钢筋内皮尺寸

钢筋弯折处的内皮尺寸，弯折处钢筋的下料长度为 ab 弧线的弧长。因此，折线（$xy+yz$）长度与弧线的弧长 ab 之间的差值，称为内皮差值。内皮差值通常用于箍筋或拉筋弯曲加工下料计算，可表示为

$$内皮差值＝钢筋内皮尺寸之和－钢筋中心线的长度$$

$$(8 - 5)$$

内皮差值随角度的不同，可能是正值也可能是负值。

通常计算箍筋和拉筋下料长度时，用内皮尺寸计算更方便，常用钢筋内皮尺寸的差值见表 8 - 4。

表 8 - 4   钢筋内皮尺寸的差值表

弯曲角度	30°	45°	60°	90°	135°	180°
HPB300 级箍筋或拉筋，$R=2.5d$	−0.231d	−0.285d	−0.255d	−0.288d	+0.003d	+0.576d

8.3 弯 钩 增 加 值

为了增加钢筋与混凝土之间的黏结力，钢筋弯折后还要有一定的平直段长度，此段长度再考虑量度差值后的值，我们称之为弯钩增加值。

如：光圆钢筋端头做 180°弯钩，平直段为 $3d$。

HPB300 级钢筋作为受力主筋时，末端做 180°弯钩，平直段长度＝$3d$，我们可以利用差值表，求弯钩增加值（含量度差值），见图 8 - 5。

$L_1=l'+L_{12}=l'+(R+d)$，$L_{23}=2(R+d)$，$L_{34}=(R+d)$

故弯钩增加值＝$L_{23}+L_{34}+BC－$差值$=3(R+d)+3d-3.5d$

查表 8 - 1，$R=1.25d$，查表 8 - 2 得，差值$=3.5d$

弯钩增加值$=3\times(R+d)+3d-3.5d=3\times(1.25d+d)+3d-3.5d=6.25d$

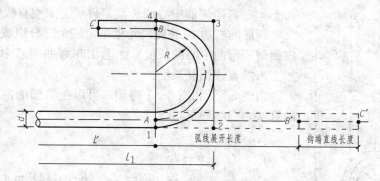

图 8-5 钢筋端部带 180°弯钩时的尺寸

这就是大家所熟悉的光圆钢筋末端做 180°弯钩时，弯钩增加长度 6.25d。

8.4 箍筋和拉筋的下料长度计算

8.4.1 箍筋下料长度计算

箍筋的形式有三种，端部弯钩 90°/180°、90°/90°和 135°/135°，后一种最常见，这里只讨论端部弯钩为 135°/135°的箍筋。

2002 版《混凝土结构设计规范》对混凝土保护层厚度的定义是受力钢筋外边缘至混凝土表面的距离，而 2010 版规范定义为最外层钢筋外边缘至混凝土表面的距离。下面用新版规范的定义，以梁箍筋为例，讨论箍筋下料长度的计算。"最外层钢筋外边缘至混凝土表面的距离"，也就是说梁中箍筋是最外层钢筋，所以梁中箍筋下料长度按外皮尺寸计算。此内容也适用于柱箍筋。

图 8-6 和图 8-7 是放大了的部分箍筋图。由于是外皮尺寸，所以混凝土的保护层里侧界线，就是箍筋的外皮尺寸界线。箍筋的四个边尺寸中，左边的外皮尺寸和底边的外皮尺寸好标注，因为它们就是梁高或梁宽减去二个保护层厚度得到的。

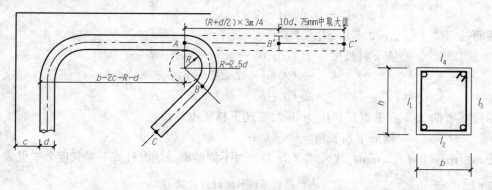

图 8-6 箍筋尺寸（1）

箍筋的左边 $l_1 = h - 2c$

箍筋的底边 $l_2 = b - 2c$

而箍筋的上边 l_4 外皮尺寸是由三个部分组成：箍筋左边外皮到钢筋弯曲中心的长度，

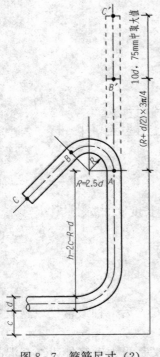

图 8-7　箍筋尺寸（2）

加上 135°弯曲钢筋中心线长度，再加上末端直线钢筋长度。

箍筋的右边 l_3 外皮尺寸也是由三个部分组成：箍筋底边外皮到钢筋弯曲中心的长度，加上 135°弯曲钢筋中心线长度，再加上末端直线钢筋长度。

由图 8-6 和图 8-7 得知，可以把箍筋的四个边外皮尺寸的算法，归纳如下：

$$l_1 = h - 2c$$
$$l_2 = b - 2c$$
$$l_3 = h - 2c - R - d + (R + d/2)3\pi/4 + m$$
$$l_4 = b - 2c - R - d + (R + d/2)3\pi/4 + m$$

式中　c——混凝土保护层厚度；

R——弯曲半径；

d——箍筋直径；

h——梁截面高度；

b——梁截面宽度；

m——箍筋弯 135°后的平直段长度，考虑抗震时，$m = \max\{10d, 75\text{mm}\}$，不考虑抗震时 $m = 5d$。

箍筋下料长度计算公式如下：

箍筋下料长度 = 外皮尺寸之和 − 3 × 外皮差值　　　（8-6）

查表 8-2，箍筋弯曲 90°时外皮差值 2.288d，$R = 2.5d$。

由式（8-6）得

$$\begin{aligned}
\text{箍筋下料长度} &= l_1 + l_2 + l_3 + l_4 - 3 \times \text{外皮差值} \\
&= 2[(h+b) - 4c - R - d + (R + d/2)3\pi/4 + m] \\
&\quad - 3 \times 2.288d \\
&= 2[(h+b) - 4c - R - d + (R + d/2)3\pi/4] \\
&\quad - 6.864d + 2m
\end{aligned}$$

箍筋的弯曲半径 $R = 2.5d$，代入上式

$$\begin{aligned}
\text{箍筋下料长度} &= 2[(h+b) - 4c - 2.5d - d \\
&\quad + (2.5d + d/2)3\pi/4] - 6.864d + 2m \\
&= 2[(h+b) - 4c] + 0.273d + 2m
\end{aligned}$$

即箍筋弯曲 135°后平直段长度为 m 的箍筋下料长度计算公式：

箍筋下料长度 = $2[(h+b) - 4c] + 0.273d + 2m$　　　（8-7）

把 $m = \max\{10d, 75\text{mm}\}$ 代入式（8-7），对不同的箍筋情况计算下料长度公式见表 8-5。

表 8-5　　　　　　　　　各种箍筋下料长度计算公式　　　　　　　　　　mm

箍筋情况	平直段长度 m	箍筋下料长度计算公式	箍筋直径 d
抗震箍筋	$10d > 75$	$2[(h+b) - 4c] + 20.273d$	$d = 8, 10, \cdots$
	$10d < 75$	$2[(h+b) - 4c] + 0.273d + 150$	$d = 6, 6.5$
非抗震箍筋	$5d$	$2[(h+b) - 4c] + 10.273d$	

【例 8 - 4】　已知：抗震框架梁 $b \times h = 300mm \times 500mm$，保护层厚度 $c = 25mm$，箍筋直径 $d = 8mm$，弯钩 135°。

求：箍筋下料长度。

解　查表8 - 5，计算公式：

$$\begin{aligned}
箍筋下料长度 &= 2[(h+b)-4c]+20.273d \\
&= 2[(500+300)-4 \times 25]+20.273 \times 8 \\
&= 1562(mm)
\end{aligned}$$

故此框架梁箍筋下料长度为 1562mm。

【例 8 - 5】　已知：某次梁 $b \times h = 200mm \times 450mm$，保护层厚度 $c = 25mm$，箍筋直径 $d = 6mm$，弯钩 135°（不考虑抗震）。

求：箍筋下料长度。

解　查表8 - 5，计算公式：

$$\begin{aligned}
箍筋下料长度 &= 2[(h+b)-4c]+10.273d \\
&= 2[(450+200)-4 \times 25]+10.273 \times 6 \\
&= 1162mm
\end{aligned}$$

故次梁箍筋下料长度为 1162mm。

8.4.2　拉筋下料长度计算

两端为 135°弯钩的拉筋是目前最常用的一种拉筋形式，梁侧面受扭钢筋、侧面构造钢筋以及剪力墙身钢筋中均要设拉筋。平法图集要求"拉筋要同时钩住纵向受力钢筋和箍筋"，现以梁侧面钢筋处的拉筋为例，讨论拉筋的下料长度计算，图 8 - 8 是放大了的拉筋图。

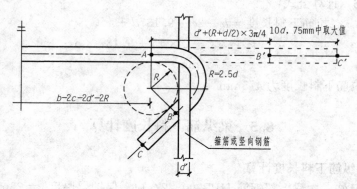

图 8 - 8　拉筋尺寸

$$\begin{aligned}
拉筋下料长度 &= b-2c-2d'-2R+2d'+2(R+d/2)3\pi/4+2m \\
&= b-2c-2[R-(R+d/2)3\pi/4]+2m
\end{aligned}$$

拉筋的弯曲半径 $R = 2.5d$，代入上式，得

$$\begin{aligned}
拉筋下料长度 &= b-2c-2[2.5d-(2.5d+d/2)3\pi/4]+2m \\
&= b-2c+9.137d+2m
\end{aligned}$$

即拉筋弯曲 135°后平直段长度为 m 的拉筋下料长度计算公式为

$$拉筋下料长度 = b-2c+9.137d+2m \tag{8-8}$$

式中 d'——箍筋直径；

d——拉筋直径，当梁宽≤350时，$d=6mm$；当梁宽＞350时，$d=8mm$。

应用式（8-8），对不同的拉筋情况计算下料长度公式见表8-6。

表8-6 各种拉筋下料长度计算公式 mm

拉筋情况	平直段长度 m	拉筋下料长度计算公式	拉筋直径 d
抗震拉筋	$10d>75$	$b-2c+29.137d$	$d=8,10,\cdots$
	$10d<75$	$b-2c+9.137d+150$	$d=6,6.5$
非抗震拉筋	$5d$	$b-2c+19.137d$	

【例8-6】 已知：抗震框架梁截面尺寸 $b\times h=300mm\times600mm$，保护层厚度 $c=25mm$，箍筋直径 $d=8mm$，拉筋直径 $d=6mm$，弯钩135°。

求：拉筋下料长度。

解 查表8-6，计算公式：

$$拉筋下料长度 =b-2c+9.137d+150$$
$$=300-2\times25+9.137\times6+150$$
$$=455（mm）$$

故框架梁拉筋下料长度为455mm。

【例8-7】 已知：剪力墙墙厚300mm，保护层厚度 $c=15mm$，水平分布筋和竖向分布筋直径均为 $d=12mm$，拉筋 $d=6mm$，弯钩135°（考虑抗震）。

求：拉筋下料长度。

解 查表8-6，计算公式：

$$拉筋下料长度 =b-2c+9.137d+150$$
$$=300-2\times15+9.137\times6+150$$
$$=475（mm）$$

故此剪力墙拉筋下料长度为475mm。

8.5 梁纵筋下料长度计算

8.5.1 次梁纵筋下料长度计算

【例8-8】 已知：次梁上部钢筋 HPB300，2Φ14，保护层厚度 $c=25mm$，求其下料长度，见图8-9。

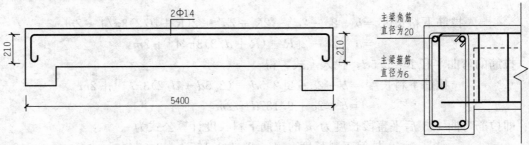

图8-9 次梁钢筋尺寸及构造

解 次梁上部钢筋要满足 G101-1 图集和 G901-1 图集中主次梁节点构造。

查表 8-2，$R=1.25d$，弯曲 90°时，差值 $=1.751d$，末端弯曲 180°时，弯钩增加值 $=6.25d$。

故钢筋下料长度为

梁全长 -2(保护层 $c+$ 主梁箍直径 $+$ 主梁角筋直径) $+2$(15d $-$ 90° 差值 $+$ 180° 弯钩增加值)

$$= 5400 - 2 \times (25 + 6 + 20) + 2 \times (15 \times 14 - 1.751 \times 14 + 6.25 \times 14)$$
$$= 5844 (\text{mm})$$

8.5.2 悬挑梁弯起筋下料长度计算

【例 8-9】 已知：某抗震屋面框架梁，一端带延伸悬挑梁，悬挑梁上部有一根钢筋在端部弯起，钢筋为 HRB335，$\Phi 22$，梁保护层厚度 $c=30$mm，求其下料长度，见图 8-10。

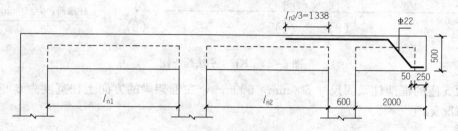

图 8-10 悬挑梁弯起筋尺寸

此部分内容要符合 11G101-1 第 89 页悬挑梁配筋构造要求。当梁 $d \leqslant 25$ 时，$R=4d$。

查表 8-2，$R=4d$，弯曲 45°时，差值 $=0.608d$。

钢筋下料长度 $=$ 钢筋外皮总长 $-2 \times 45°$ 差值

$$= 1338 + 600 + (2000 - 30) - (500 - 2 \times 30)$$
$$+ 1.414 \times (500 - 2 \times 30) - 2 \times 0.608 \times 22$$
$$= 4063 (\text{mm})$$

8.6 平法梁图上作业法

钢筋计算一般指下料钢筋计算和预算钢筋计算，二者对计算精度要求不同，所用公式也不同，在项目 5 我们曾做过平法梁的预算钢筋计算，下面我们再做平法梁的下料钢筋计算。下料钢筋计算既要执行 G101-1 和 G901-1 的规定，还要结合施工现场实际情况进行下料，要求做到钢筋排布合理、符合设计要求、计算准确、节约钢筋。

8.6.1 平法梁图上作业法简介

《平法识图与钢筋计算释疑解惑》（陈达飞编著）一书中，介绍了"平法梁图上作业法"，此法简单易学，思路清晰，科学合理，值得学习推广。

所谓"平法梁图上作业法"就是一种手工计算平法梁钢筋的方法。它把平法梁的原始数据（轴线尺寸、集中标注和原位标注）、中间的计算过程和最后的计算结果都写在一张纸上，层次分明，数据关系清楚，便于检查，提高了计算的可靠性和准确性。

8.6.2 普通框架梁实操训练

下面结合一个框架梁工程实例来介绍"平法梁图上作业法"的操作步骤，并制作钢筋下料单。

1. 工程信息

某办公楼的施工图中 KL-4 是一个 3 跨的框架梁，无悬挑，共 10 根。框架梁的集中标注和原位标注如图 8-11 所示。

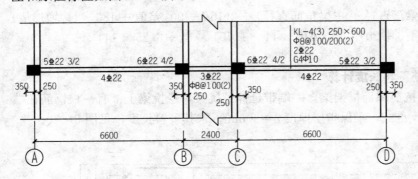

图 8-11   KL-4 平法施工图

作为支座的框架柱截面尺寸 500mm×600mm，在框架梁的方向上柱宽度为 600mm，支座偏中情况见图。

2. 准备工作

准备工作均在图 8-12 上进行。刚开始学习平法梁图上作业法时，如果想象不出梁中钢筋，可参见项目 4 中 4.6.2 中的 KL-4 立面钢筋排布图和截面钢筋排布图。

（1）多跨梁柱的示意图，不一定按比例绘制，只要表示出轴线尺寸、柱宽及偏中情况即可。

（2）梁中钢筋布置的"七线图"（一般为上部纵线 3 线、下部纵线 4 线），要求不同的钢筋要分线表示，计算箍筋和构造钢筋时可增加几条线，以便表示出箍筋加密区和非加密区位置及构造钢筋或抗扭钢筋的情况。（说明：这样表示就能避免出现在梁的配筋构造详图中同一层面的钢筋互相重叠看不清楚的现象）

（3）在每跨梁支座的左右两侧画出每跨梁 $l_n/3$ 和 $l_n/4$ 的大概位置。

（4）图的下方空地方用作中间数据的计算。如果有条件，可以把图中的原始数据、中间数据和计算结果用不同颜色的数据表示，便于观看。

3. 操作步骤

（1）按一道梁的实际形状画出多跨梁柱的示意图，包括轴线尺寸、柱宽及偏中情况，每跨梁 $l_n/3$ 和 $l_n/4$ 的大概位置以及梁的"七线图"框架。

（2）按照"先定性、后定量"的原则，画出梁的各层上部纵筋和下部纵筋的形状和分布图，同层次的不同形状或规格的钢筋要画在"七线图"中不同的线上，梁两端的钢筋弯折部分要按照构造要求逐层向内缩进。（注：缩进的层次由外向内分别为：梁的第一排上部纵筋、第二排上部纵筋；或者是梁的第一排下部纵筋、第二排下部纵筋）

（3）标出每种钢筋的根数。

1）集中标注中上部通长筋为 2Φ22。

2）注意到第一跨右支座和第二跨左支座的原位标注均为 6Φ22 4/2，除了 2 根为集中标注中表明的上部通长筋以外，余下的第一排 2Φ22 与第二跨的 2Φ22 形成局部贯通。又因为

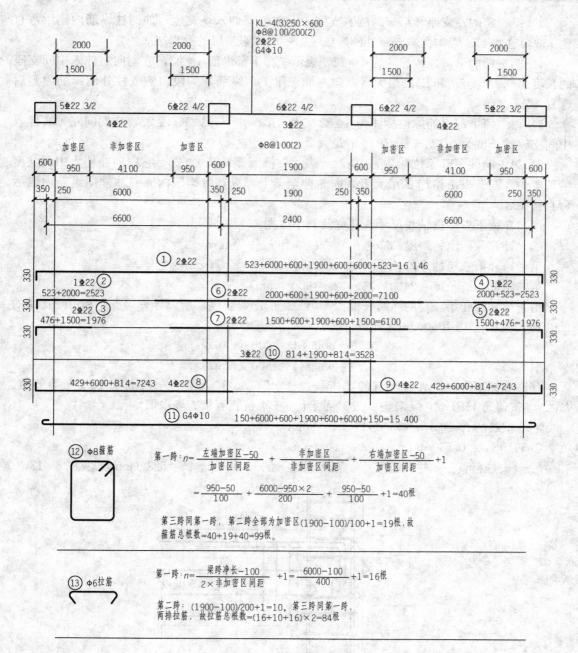

图 8-12　KL-4 图上作业法

第一跨净跨长度大于第二跨净跨长度，所以计算端支座和中间支座的 $l_n/3$ 和 $l_n/4$ 时，均采用第一跨 l_n（6600－250－350＝6000mm）计算。$l_n/3＝2000$mm，$l_n/4＝1500$mm，大于中间跨的一半，同样，第三跨的情况与第一跨相同，因此，第一跨右支座第一排除两根通长筋以外，余下的 2 ⱷ 22 伸入第二跨，一直贯通再伸至第三跨左支座；余下的第二排 2 ⱷ 22 与第二跨的 2 ⱷ 22 及第三跨的 2 ⱷ 22 形成贯通。这里的第一排和第二排的局部贯通筋由于 $l_n/3$ 和 $l_n/4$ 而形成长度差别。

3）第一跨的左支座和第三跨的右支座的上部纵筋伸入端支座，伸到柱纵筋内侧后弯直钩 $15d$，这些 $15d$ 弯钩在端支座外侧形成了第一层和第二层的垂直层次。

4）第一跨的下部原位标注为 $4\Phi22$，表示一排下部纵筋 $4\Phi22$，它们向右伸入中间支座的长度为 $0.5h_c+5d$ 和 l_{aE} 的最大者，向左伸至梁上部纵筋弯钩段内侧或柱外侧纵筋内侧后弯直钩 $15d$。

5）第二跨下部纵筋原位标注为 $3\Phi22$，表示第一排下部纵筋 $3\Phi22$，它们向左、右伸入中间支座的长度为 $0.5h_c+5d$ 和 l_{aE} 的最大者。

6）第三跨的下部原位标注为 $4\Phi22$，表示一排下部纵筋 $4\Phi22$，它们向左伸入中间支座的长度为 $0.5h_c+5d$ 和 l_{aE} 的最大者，向右伸至梁上部纵筋弯钩段内侧或柱外侧纵筋内侧后弯直钩 $15d$。

（4）在梁下方标出轴线尺寸、柱宽及偏中数据。

（5）计算并标出每跨梁的净跨尺寸、$l_n/3$ 和 $l_n/4$ 等数据。

第一跨和第三跨的净跨长度＝6600－250－350＝6000（mm）

第二跨的净跨长度＝2400－250×2＝1900（mm）

由于第一跨和第三跨的净跨长度大于第二跨的净跨长度，所以计算端支座和中间支座的 $l_n/3$ 和 $l_n/4$ 时，均用 6000mm 计算，即

$$l_n/3＝6000/3＝2000（mm）$$
$$l_n/4＝6000/4＝1500（mm）$$

（6）在图下方，计算"所有的弯折长度 $15d$"、l_{abE} 和 l_{aE}、"直锚部分长度"等数值。l_{abE}、l_{aE} 按普通 HRB400 级钢筋、C30 混凝土、三级抗震等级查表取值。

$\Phi22$ 钢筋的 $l_{abE}＝37d＝37×22＝814$（mm）

$0.5h_c+5d＝0.5×600+5×22＝410$（mm）

$h_c－c－$柱箍直径－柱纵筋直径－净距＝600－20－10－22－25＝523（mm），见图 8-13。

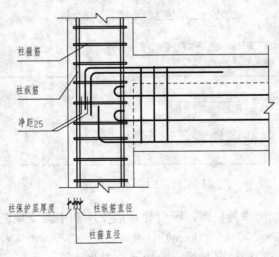

图 8-13　柱钢筋示意图

因 $\max(0.5h_c+5d, l_{aE})＝\max(410, 814)＞(h_c－c－$柱箍直径－柱纵筋直径－净距$)$，即 814＞523，故需要弯锚。

$0.4l_{abE}=0.4\times814=326(\text{mm})<(h_c-c-$柱箍直径$-$柱纵筋直径$-$净距$)=523\text{mm}$，符合要求，即端支座上部钢筋支座内的水平段长度取 523mm。

$\Phi22$ 钢筋的 15d 垂直段长度$=15\times22=330$（mm）

第一排上部纵筋的直锚长度$=600-20-10-22-25=523$（mm）

第二排上部纵筋的直锚长度$=523-22-25=476$（mm）

第一排下部纵筋的直锚长度$=600-20-10-22-25-22-25-22-25=429$（mm）

（7）计算"$0.5h_c+5d$"的数值，并把它与"l_{aE}"比较，取其较大者作为中间支座锚固长度。

以$\Phi22$为例：$0.5h_c+5d=0.5\times600+5\times22=410(\text{mm})<l_{aE}=814\text{mm}$

所以，取 l_{aE} 为纵筋伸入中间支座的锚固长度，对于$\Phi22$ 为 814mm。

（8）根据已有的数据计算每根钢筋的长度，并把它标在相应的钢筋上。

（以下计算的是水平段的尺寸，原始数据由左向右列举）

上部通长筋：$523+6000+600+1900+600+6000+523=16\ 146$（mm）

第一跨支座负筋：（第一排）$523+2000=2523$（mm）

（第二排）$476+1500=1976$（mm）

第三跨支座负筋：（第一排）$2000+523=2523$（mm）

（第二排）$1500+476=1976$（mm）

跨越中间支座的上部纵筋：（第一排）$2000+600+1900+600+2000=7100$（mm）

（第二排）$1500+600+1900+600+1500=6100$（mm）

第一跨下部纵筋：（第一排）$429+6000+660=7089$（mm）

第三跨下部纵筋：（第一排）$660+6000+429=7089$（mm）

第二跨下部纵筋：$660+1900+660=3220$（mm）

（9）计算箍筋：画出箍筋的形状，计算并标出箍筋的细部尺寸。

箍筋起步距离为 50mm（开始布置箍筋的位置），计算箍筋加密区尺寸、箍筋非加密区尺寸、箍筋根数。

箍筋的标注尺寸为 b 和 h，计算外皮尺寸。

KL-4 的截面尺寸为 250mm×600mm，梁保护层厚度为 20mm，所以箍筋外皮尺寸：

$$l_1=250-40=210\ （\text{mm}）$$

$$l_2=600-40=560\ （\text{mm}）$$

（10）计算"$1.5h_b$"的数值，并把它与"500"比较，取其大者作为箍筋加密区尺寸。本工程为三级抗震，所以加密区长度为 $\max(1.5h_b,\ 500)$。

$1.5\times600=900(\text{mm})>500\text{mm}$，考虑第一道箍筋离支座 50，故实取 950mm 作为箍筋加密区尺寸。

（11）逐跨计算箍筋根数：

1）在柱侧面标出"50"（箍筋起步距离）；

2）标出"箍筋加密区"的数值；

3）计算并标出"箍筋非加密区"的数值；

4）计算箍筋根数。每一跨的箍筋根数分别计算，对每一个（范围/间距）的数值取整数，小数位只入不舍。

第一跨的箍筋根数：梁的两端有箍筋加密区，中间为非加密区，故箍筋根数计算如下：

$$n = 2 \times \left(\frac{加密范围 - 50}{间距}\right) + \frac{非加密范围}{间距} + 1$$

$$= 2 \times \left(\frac{950 - 50}{100}\right) + \frac{4100}{200} + 1 = 40$$

第二跨的箍筋计算：整个第二跨均为箍筋加密区，其箍筋根数为

$$(1900 - 50 - 50)/100 + 1 = 19（根）$$

第三跨的箍筋根数：同第一跨，40 根

整个 KL-4（3）的箍筋根数 = 40 + 19 + 40 = 99（根）

（12）计算梁的侧面构造钢筋（G4Φ10），其锚固长度为 15d。

光圆钢筋是成盘状的，可以做的很长，从节省钢筋、节省劳力方面考虑，可以从梁的最左端布置到最右端，端部再做 180°弯钩。

故侧面构造钢筋长度：$(6000 + 600 + 15 \times 10 + 6.25 \times 10) \times 2 + 1900 = 15\ 525$（mm）

（13）计算侧面构造钢筋的拉筋（Φ6）；

拉筋要同时钩住侧面构造钢筋和箍筋，因此拉筋的弯钩在箍筋的外面。

拉筋的根数：第一、三跨：$(6000 - 50 \times 2)/400 + 1 = 16$

第二跨：$(1900 - 50 \times 2)/200 + 1 = 10$

考虑两排布置，故总根数 = $2 \times (16 \times 2 + 10) = 84$

4. 钢筋下料单

图 8-13 中清楚地表示出各种钢筋规格、形状、细部尺寸、根数（包括梁的上部通长筋、支座负筋、架立筋、下部纵筋、侧面构造钢筋、箍筋和拉筋）的信息。下面结合此图计算钢筋下料长度，计算过程见表 8-7 钢筋下料长度计算表。由于此框架梁对称，计算顺序是第一跨、第三跨、第二跨进行。

表 8-7　　　　　　　　　　　　　钢筋下料长度计算表　　　　　　　　　　　　　mm

钢筋名称		编号	钢筋规格	钢筋下料长度	备注
上部通长筋		1	Φ22	$330 + 16\ 146 + 330 - 2 \times 2.931 \times 22 = 16\ 677$	量度差值见表 8-2
第一跨左负筋	一排	2	Φ22	$330 + 2523 - 2.931 \times 22 = 2789$	
	二排	3	Φ22	$330 + 1976 - 2.931 \times 22 = 2242$	
第三跨右负筋	一排	4	Φ22	2789	同第一跨
	二排	5	Φ22	2242	
中间支座及第二跨上部筋	一排	6	Φ22	7100	
	二排	7	Φ22	6100	
第一跨下部筋		8	Φ22	$330 + 7243 - 2.931 \times 22 = 7509$	量度差值见表 8-2
第三跨下部筋		9	Φ22	7509	同第一跨
第二跨下部筋		10	Φ22	3528	
侧向构造钢筋		11	Φ10	$2 \times (6000 + 600 + 15 \times 10 + 6.25 \times 10)$ $+ 1900 = 15\ 525$	含 180°弯钩增加值
箍筋		12	Φ8	$2[(h + b) - 4c] + 20.273d$ $= 2[(600 + 250) - 4 \times 20] + 20.273 \times 8$ $= 1702$	见表 8-5 中公式

钢筋名称	编号	钢筋规格	钢筋下料长度	备 注
拉筋	13	Φ6	$b-2c+9.137d+150$ $=250-2\times20+9.137\times6+150=415$	见表 8-6 中公式

《钢筋下料单》是工程施工必需的表格，钢筋工尤其需要这种表格，因为它用来指导钢筋工进行下料。

《钢筋下料单》的内容包括下列项目：构件名称、钢筋编号、钢筋简图、钢筋规格、下料长度、构件数量、每构件重量、总重量等内容。

其中：　　　每构件重量＝每构件长度×该钢筋的每米重量

　　　　　　总重量＝单个构件的所有钢筋的重量之和×构件数量

依据表 8-7，绘制 KL-4 的钢筋下料单，见表 8-8。

表 8-8　　　　　　　　　　　　　**钢 筋 下 料 单**

构件名称	钢筋编号	简　图	钢筋规格 Φ22	下料长度 （mm）	单位根数	合计根数	重量 （kg）
某办公楼 KL-4 共 10 根	①	330 ⌐16146⌐ 330	Φ22	16 677	2	20	993.900
	②	330 ⌐2523	Φ22	2789	1	10	83.100
	③	330 ⌐1976	Φ22	2242	2	20	133.600
	④	2523⌐ 330	Φ22	2789	1	10	83.100
	⑤	1976⌐ 330	Φ22	2242	2	20	133.600
	⑥	7100	Φ22	7100	2	20	423.200
	⑦	6100	Φ22	6100	2	20	363.600
	⑧	330 L7111	Φ22	7509	4	40	896.274
	⑨	7111 ⌐330	Φ22	7509	4	40	896.274
	⑩	3264	Φ22	3528	3	30	315.827
	⑪	62.5 ⌐15400⌐ 62.5	Φ10	15525	4	40	383.200

续表

构件名称	钢筋编号	简　图	钢筋规格 Φ22	下料长度 （mm）	单位根数	合计根数	重量 （kg）
某办公楼KL-4共10根	⑫		Φ8	1702	99	990	665.600
	⑬		Φ6	415	84	840	77.389

重量合计：Φ22：4322.475；Φ10：383.2；Φ8：665.6；Φ6：77.389

实 操 题

某一双跨次梁 L-2 平法施工图和工程信息见图 8-14，用"平法梁图上作业法"求其下料长度，并制作钢筋下料单。

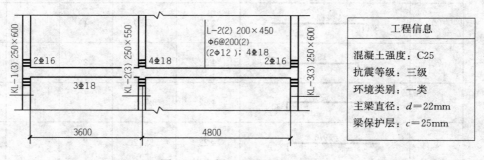

图 8-14　梁 L-2 平法施工图

项目 9

综 合 训 练

9.1 工程案例1——框架结构

9.1.1 工程图纸说明

（1）本工程图纸不是一套完整的图纸，只涉及结构部分的主要构件，包括基础施工图、柱施工图、二层梁施工图、屋面梁施工图、三层楼板施工图和楼梯施工图。

（2）钢筋工程量计算在整个工程造价中起着举足轻重的作用，每次在计算前要对图纸仔细研读，理清思路后再计算，切忌这里先算一点，那里再算一点，回头再整理的做法。真实的工程图纸计算钢筋工程量往往很大，没有明确的思路，不仅计算容易出错还浪费时间。

（3）计算顺序：对整套图纸而言，计算顺序为基础→柱插筋→柱→梁→板→楼梯。对构件而言，在图纸平面纵向自下而上（或自上而下），横向从左到右进行。

（4）要注意构件节点处的钢筋构造，如果图纸中给出节点详图，则以此为依据；如果没给出节点详图，则以 22G101 系列图集为依据。

9.1.2 工程图纸

本工程图纸见图 9-1～图 9-7（见文后插页）。

9.2 工程案例2——剪力墙结构

9.2.1 工程图纸说明

（1）本工程图纸不是一套完整的图纸，只涉及结构部分的主要构件，包括结构设计总说明、基础施工图，以及局部剪力墙柱、剪力墙梁、剪力墙身、楼层梁、楼板的施工图。

（2）计算顺序：基础→剪力墙柱→剪力墙身→剪力墙连梁→楼层梁。

（3）要注意构件节点处的钢筋构造，如果图纸中给出节点详图，则以此为依据；如果没给出节点详图，则以 22G101 系列图集为依据。

9.2.2 工程图纸

本工程图纸见图 9-8～图 9-13（见文后插页）。

附　　录

钢筋理论质量及截面面积表

钢筋直径 d (mm)	单根钢筋理论质量 (kg/m)	在下列钢筋根数时钢筋截面面积 A_S (mm²)								
		一根	二根	三根	四根	五根	六根	七根	八根	九根
6	0.222	28.3	57	85	113	141	170	198	226	255
8	0.395	50.3	101	151	201	251	302	352	402	452
10	0.617	78.5	157	236	314	393	471	550	628	707
12	0.888	113.1	226	339	452	566	679	792	905	1018
14	1.208	153.9	308	462	616	770	924	1078	1232	1385
16	1.578	201.1	402	603	804	1005	1206	1407	1608	1810
18	1.998	254.5	509	763	1018	1272	1527	1781	2036	2290
20	2.466	314.2	628	942	1256	1570	1885	2199	2513	2827
22	2.984	380.1	760	1140	1520	1900	2281	2661	3041	3421
25	3.853	490.9	982	1473	1964	2454	2945	3436	3927	4418
28	4.834	615.8	1232	1847	2463	3079	3695	4310	4926	5542
32	6.313	804.2	1609	2413	3217	4021	4826	5630	6434	7238

· 参 考 文 献

[1] 中国建筑标准设计研究院．混凝土结构施工图平面整体表示方法制图规则和构造详图（现浇混凝土框架、剪力墙、梁、板）（22G101-1）．北京：中国计划出版社，2022.

[2] 中国建筑标准设计研究院．混凝土结构施工图平面整体表示方法制图规则和构造详图（现浇混凝土板式楼梯）（22G101-2）．北京：中国计划出版社，2022.

[3] 中国建筑标准设计研究院．混凝土结构施工图平面整体表示方法制图规则和构造详图（独立基础、条形基础、筏形基础及桩基承台）（22G101-3）．北京：中国计划出版社，2022.

[4] 中国建筑标准设计研究院．混凝土结构施工钢筋排布规则与构造详图（现浇混凝土框架、剪力墙、框架—剪力墙）（18G901-1）．北京：中国计划出版社，2018.

[5] 陈青来．钢筋混凝土结构平法设计与施工规则．北京：中国建筑工业出版社，2007.

[6] 陈达飞．平法识图与钢筋计算释疑解惑．北京：中国建筑工业出版社，2007.

[7] 高竞，高韶明．平法制图的钢筋加工下料计算．北京：中国建筑工业出版社，2005.